ERP

U0087032

企業資源規劃實務
200講

ERP基礎入門教材—適用多元選修及彈性課程

作者序

許多人喜歡看書,但沒聽過有人喜歡「教科」書的,蔡志忠把《論語》畫得很生活,是有趣的!國、高中課本把《論語》寫得 OOXX,是苦悶的,台灣近代兩位經營之神:王永慶、郭台銘,都沒有顯赫的學歷背景,企業經營的成功模式完全來自於:實務、經歷、生活!將他們的一生寫成傳記,有趣的;被學者歸納成冰冷的管理學教條,乏味的!

美國近代兩位偉大的創業家:比爾蓋茲、賈伯斯,他們發現學校沒有辦法滿足學習的目的,於是毅然輟學出去創業,成就了今天 Microsoft、Apple 兩個世界級的一流企業,他們的成功模式創造了許多管理學的典範!

由上面國內外的成功企業家案例可知,企業經營是工作、生活的累積,而不是管理學教條背誦,要進行這樣的改革,首先必須做的就是教案的設計!管理學教材應該:

- ⟩ 說得很生活:以生活為範例
- ⟩ 教得很實務:以實務案例取代原理原則
- ⟩ 畫得很趣味:以圖、表、畫取代文字
- ⟩ 演得很精采:以精采影片附輔助教學

本書原始發想就是想將 ERP 管理概念推廣至高中職,因此採取:輕鬆、有趣、生活的撰寫風格,內容以生活、故事、案例來取代定義、原理、原則,我本人深信:「學習可以是快樂的!」,一樣的事情,不一樣的處理手法,產生完全不同的效果,希望本書能對課堂的學習提供一點歡樂的氣息。

本書教學投影片可由「gogo123」網站下載。

林文恭
2020/11 於知識分享數位資訊

目錄

商業概論

自從發明貨幣之後，以貨幣作為交易媒介，大幅地提高專業分工的發展，不同群體間互補有無的商業運作模式就變得牢不可破了！所有的：產業、組織、企業、商店、個人都無法離開商業環境而獨立運作。

⊙ 政府官員（士）不懂商業→無法規劃產業發展政策

⊙ 農政單位（農）不懂商業→無法有效提高農業產值

⊙ 生產工廠（工）不懂商業→無法應對快速變動的市場需求

因此商人雖然被古人列為四民之末，商業知識卻是現代社會中各行各業必修的基本知識。

市場的由來

Marketing 在台灣翻譯為【行銷學】，在中國翻譯為【市場營銷學】。

Market 這個英文單字幾乎所有學生都認識，以下就是 2 個常用的生活用詞：

> Super Market（超市）
> Night Market（夜市）

Market 就是市場，但後面加上【ing】是什麼意思呢？ ing = 現在進行式，指的是【瞬息萬變】的市場。

在動態變化的市場中，研究的課題非常廣泛，傳統的行銷學歸納出 4 個基本要素：

> Product：產品
> Price：商品價格
> Place：通路
> Promotion：推廣促銷

交換的要素

Location Time People

古時候人們將自己生產多餘的物資與鄰近的人交換，這就是商業的起源，但是交換並不是每一次都會成功的：

- 時間不對→找不到交換對象
- 地點不對→找不到交換對象
- 物品不對→供給、需求不相配
- 價值不對→討價、還價沒結果

以上 4 個要素：時間、地點、物品、價值，必須齊備，交換才會發生，單獨個體之間的交換效率非常低，雖然與鄰居之間的物品交換很方便，但很可能換不到想要的東西、或交換數量談不攏，因為可選擇性太少，這時有一個聰明人就想著：「若大家能在早上 8 點鐘，一起帶著東西到廟口的榕樹下」，那是不是就有：「一群人、一堆東西可以同時進行交換」，這就是市場的起源。

市場提供了時間、地點 2 個要素，因為時間、地點固定了，參加交換的物品種類就會變多了，議價的對象也變多了，因此交換的效率大大的提高了。

⤬ 交換的困難

以物易物是有很大難度的，一隻牛可以換幾隻雞？只能換雞嗎？能不能有多種組合？

> ◎ 張三有 1 頭牛想要交換：30 隻雞及 20 隻鵝

> ◎ 李四有 30 隻雞想要交換：3 支鐵鎚

> ◎ 王五有 20 隻鵝想要交換：2 把菜刀

市場上雖然有 30 隻雞及 20 隻鵝，卻分別屬於李四、王五，而他們卻不想換牛，因此張三無法完成交換。

物品分割

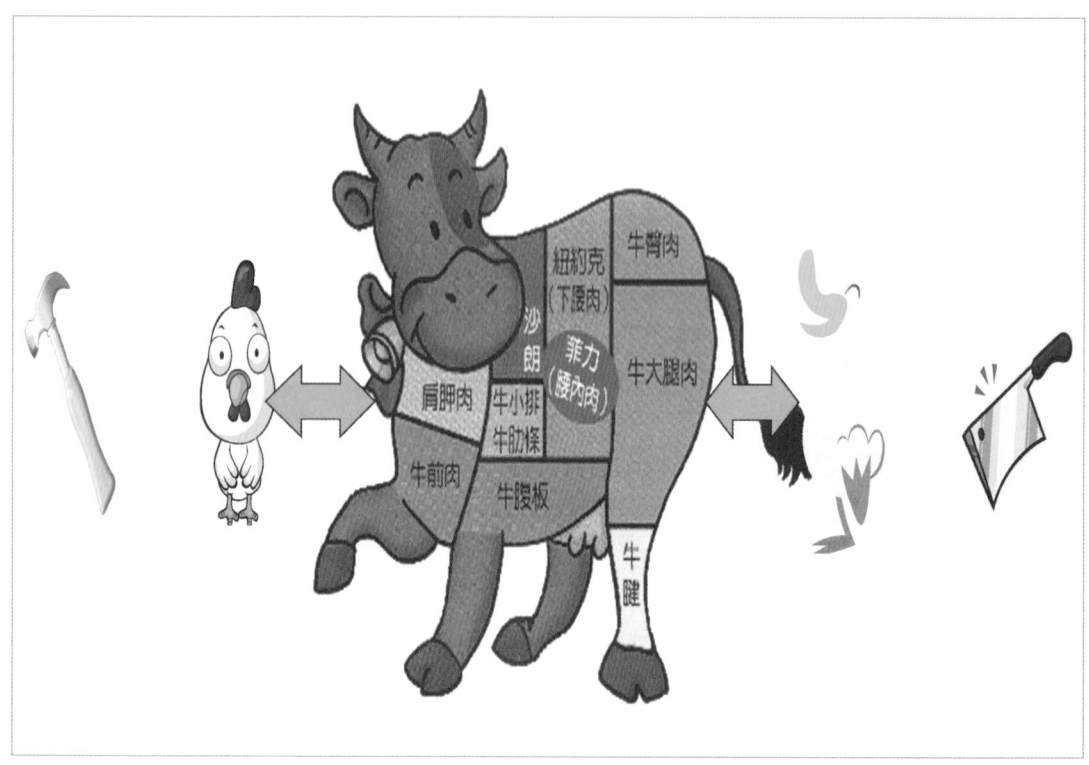

如果張三的牛可以分解為如上圖的小單位，那麼交換的可能性就會大大的提高了：

- ⟩ 牛大腿肉換 5 隻鵝
- ⟩ 肩胛肉換 8 隻雞

物品的單位變小了就比較容易找到相對應的交換對象，但是把牛分解後，牛就死了，在冰箱尚未發明的時代，張三若無法在短時間內完成整隻牛所有部位的交換，那牛肉將會腐敗而失去價值。

貨幣的發明

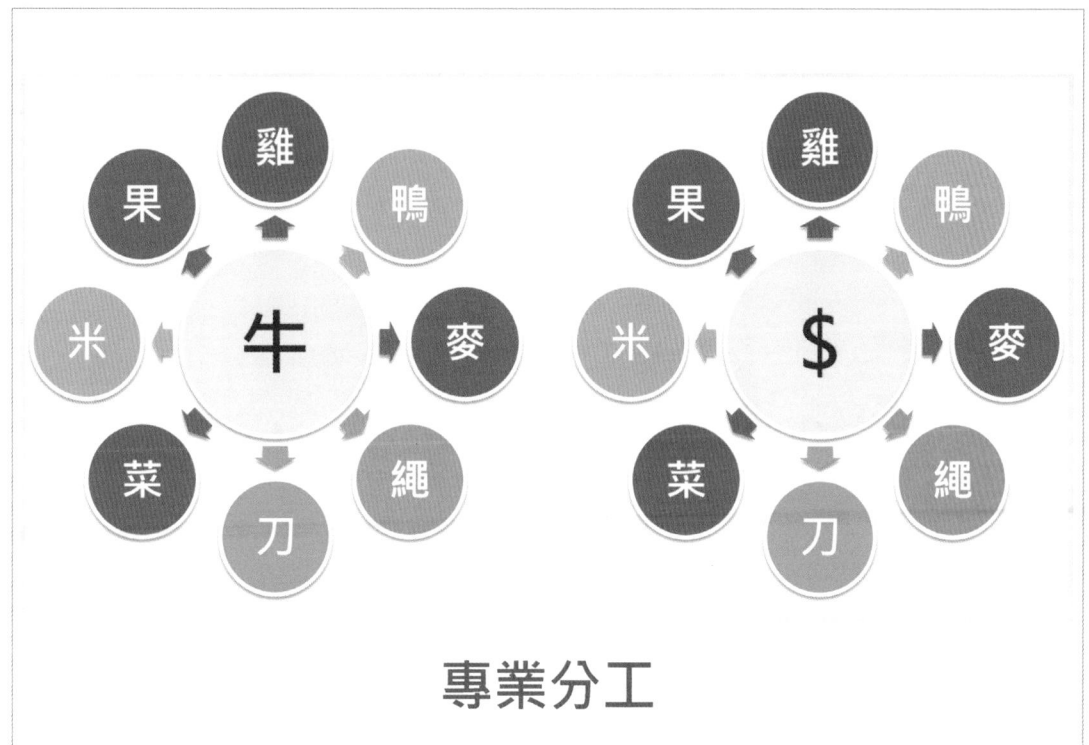

專業分工

因為交換的不方便,又有一個聰明人想著:「交換的時候一定是 A 換 B 嗎?有沒有一種東西是大家都喜歡的,這種東西可以用來換任何東西的」,這就是貨幣的起源,人們不再是物品交換,而是以貨幣為交換的中介,拿東西去換貨幣,再用貨幣去換東西,所有的物品都以貨幣為計價單位,因為貨幣可以分割、可以找零、可以保存,因此大大提高交換效率。

1 隻牛價值 5000 元、1 隻雞價值 100 元,所有的交換都是物品對貨幣,因此物品的交換轉變為商品的交易,此時,市場便出現專業分工:張三成為專業牛肉供應商、李四開了養雞場,市場的效率更進一步大幅提升。

價格決定：供給、需求

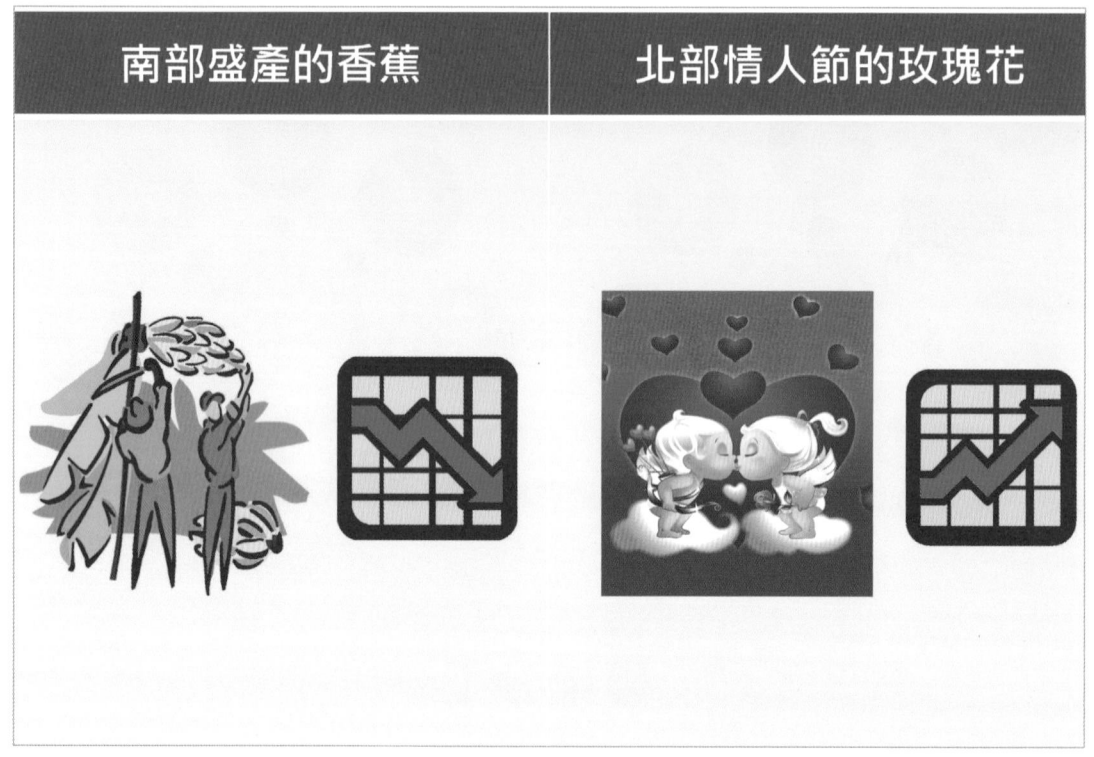

古代由於交通不夠便利，人類活動距離是受到極大限制的，因此市場的範圍都是小區域性的。

若今年屏東的香蕉豐收：

　⊚ 市場供給過剩→削價競爭→價格崩跌→多數蕉農慘賠

多數農民不賺錢的情況下，下個年度農民便不再種香蕉：

　⊚ 市場供給不足→爭相搶購→價格飆漲→多數蕉農沒賺到錢

同樣的道理，台北人生活浪漫，情人節時玫瑰花是必備的節慶禮物，在需求量大增的情況下，台北在情人節時玫瑰花的價格便會大漲。

資訊→貨暢其流

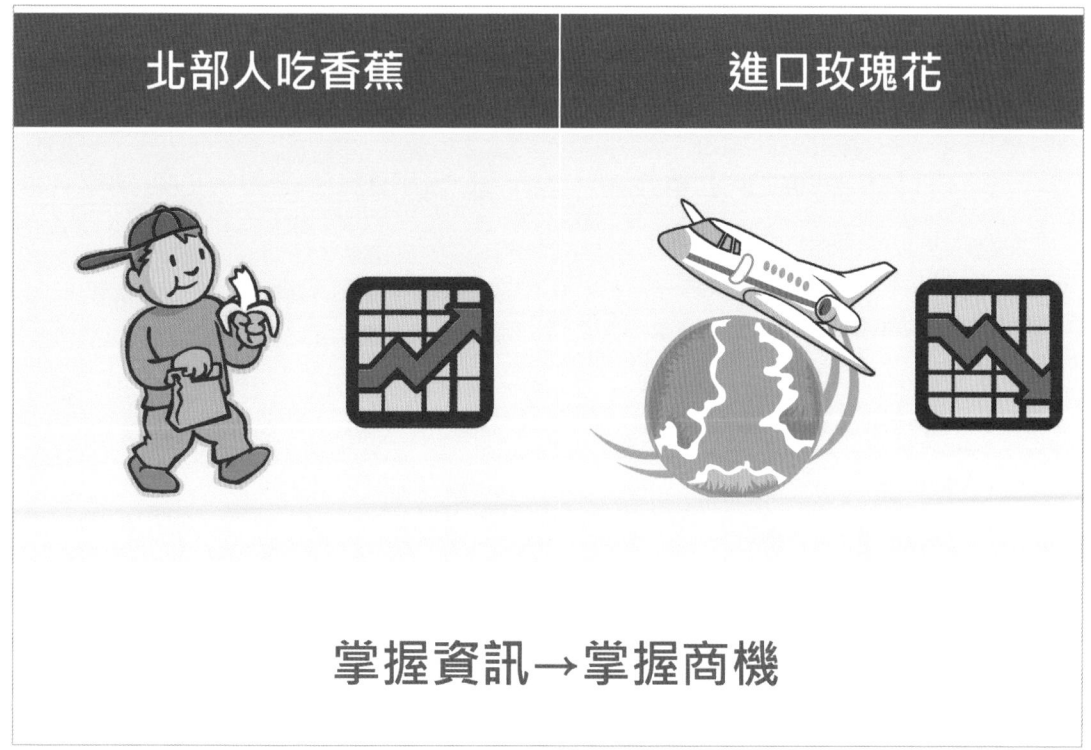

北部人吃香蕉	進口玫瑰花

掌握資訊→掌握商機

隨著交通工具的進步，貨物運輸範圍變大，效率也提高了，雖然今年屏東香蕉盛產，而北部不產香蕉，知道這個商業訊息的中間商，就會在南部採購香蕉，並將香蕉運到北部販賣，而在情人節之前由國外進口玫瑰花，以冷凍技術保持花朵的新鮮，如此就可賺到超額利潤。

對於屏東的蕉農而言，香蕉價格不會繼續崩跌，對於北部的消費者而言，玫瑰花價格不會持續飆漲，對於中間商而言，買賣之間可觀的差價就是商業利潤，掌握並應用商業資訊，就能達到貨暢其流，更進一步提高市場的效率。

習題

( ) 1. 在【商業概論】單元中，以下哪一種人被古人列為四民之末？
  (A) 商人　　　　　　　(B) 農夫
  (C) 工人　　　　　　　(D) 讀書人

( ) 2. 在【市場的由來】單元中，以下哪一個項目不是傳統的行銷學 4 個基本要素之一？
  (A) Product　　　　　(B) Play
  (C) Promotion　　　　(D) Place

( ) 3. 在【交換的要素】單元中，市場提供了哪 2 個要素，讓商品交換的效率大大的提高了？
  (A) 錢、人　　　　　　(B) 政府、土地
  (C) 時間、地點　　　　(D) 秤子、商品

( ) 4. 在【交換的困難】單元中，以下有關以物易物的敘述，哪一個項目是正確的？
  (A) 市場是政府主導的
  (B) 只要到市場去就可完成交換
  (C) 是目前商業的主流模式
  (D) 以物易物的效率很低

( ) 5. 在【物品分割】單元中，以下有關以物易物的敘述，是正確的？
  (A) 物品的單位較小交換效率較高
  (B) 大家喜歡吃牛肉因此牛容易交換
  (C) 雞無法與牛做交換
  (D) 古時候沒有冰箱因此無法牛肉換豬肉

( ) 6. 在【貨幣的發明】單元中，有關貨幣的敘述，以下哪一個項目是錯誤的？
  (A) 貨幣可以分割
  (B) 貨幣有假的因此發展受到限制
  (C) 貨幣的出現促成專業分工
  (D) 貨幣可以儲存

（ ）7. 在【價格決定：供給、需求】單元中，以下哪一個項目是正確的敘述？

(A) 香蕉大豐收多數蕉農都賺大錢

(B) 香蕉價格飆漲多數蕉農都賺大錢

(C) 商品供給量大增價格勢必下降

(D) 今年香蕉價格大跌，因此明年蕉農不應該種香蕉

（ ）8. 在【資訊→貨暢其流】單元中，以下哪一個項目是掌握商機的最佳方法？

(A) 掌握資金

(B) 掌握企業

(C) 掌握人才

(D) 掌握商業資訊

資訊 vs. 企業經營

相命、看風水都民俗活動，更是一種心理治療，個人在感情、事業上有挫折、瓶頸時，借助這些民俗活動來紓解身心狀態，無可厚非，好或不好影響的就是一個人或一個家庭，然而企業經營影響的是一群人及一群人所組成的家庭，企業的決策便必須秉持：科學、理性、分析，而非借助於神鬼之說、個人臆測。

資訊的收集、篩選、整理是讓企業變得耳聰目明的唯一途徑，資訊代表的市場的變化，掌握即時的資訊，才能讓企業在訊息萬變的競爭中做出即時、正確的決策，規劃短、中、長期的營運策略。

商業資訊影響企業決策？

市場的商業資訊可能影響企業的決策如下：

- ⌾ 生產什麼東西，多少數量？
- ⌾ 客人在哪裡，價格為何？
- ⌾ 原料供應來源，價格為何？
- ⌾ 找誰代工生產，條件為何？
- ⌾ 工廠蓋在哪裡，規模多大？
- ⌾ 招募員工？薪資水準？
- ⌾ 政府法規？獎勵措施？
- ⌾ 消費者喜好？消費者習慣？

自從有市場開始，資訊科技進步由馬車到網路，透過資訊的傳遞，物品、服務才能作有效率的交換，因此掌握資訊就等於掌握商機，後面我們就以實際案例來探討資訊對於商業經營、政府治理的影響。

金融資訊戰

> 滑鐵盧戰役

1815 年英軍將領威靈頓公爵與法國拿破崙在比利時滑鐵盧交戰，戰爭的結果決定兩個國家的命運，更將左右兩個國家的貨幣與金融的發展。

> 羅斯柴爾德銀行

銀行主要業務為資金借貸與企業投資，必須隨時掌握市場訊息，因此平日就佈建了綿密的資訊情報網，以確保投資獲利與授信安全，羅斯柴爾德銀行就是充分運用資訊優勢獲取商業利益的佼佼者。

延伸學習：請上網搜尋關鍵字：「揭密金融帝國」。

滑鐵盧大戰

1815 年：

6/18 傍晚	英、法兩軍對壘於滑鐵盧，羅斯柴爾德銀行的商業間諜 Mr. SPY 在戰場上密切觀察戰況發展，親眼目睹拿破崙敗局已定，立即快馬加鞭狂奔 17KM 到比利時首都布魯塞爾，換馬狂奔 113KM 到達澳斯坦德港已是半夜，連夜搭乘渡輪橫渡 110KM 的英吉利海峽。
6/19 清晨	Mr. SPY 抵達福克斯通港口，羅斯柴爾德銀行總裁 Mr. CEO 在港邊已等待了 3 天 3 夜，見到 Mr. SPY 立刻上前熱情擁抱，交頭接耳之後，Mr. CEO 臉上露出詭譎的笑容，拿出手槍斃了 Mr. SPY 並將屍體踢入海中…！
6/19 中午	Mr. CEO 搭乘馬車狂奔 112KM 抵達倫敦證券交易所。

掌握資訊→掌握商機

⊙ 問題：Mr. CEO 得知法軍大敗，這個資訊將產生什麼價值？

Mr. CEO 知道現在全世界只有他一個人知道「英國贏得戰爭」，而且他有把握這樣的資訊優勢最起碼可以維持 24 小時。

（事實上英國軍隊信差一直到 6/21 日晚上才將訊息傳回英國。）

⊙ 問題：請問 Mr. CEO 如何應用這 24 小時的資訊優勢？

Mr. CEO 在倫敦證券交易所內對著羅斯柴爾德銀行的交易員發出指令…

1. 賣出法國公債　　2. 賣出英國公債

3. 買進法國公債　　4. 買進英國公債

各位讀者，不要急著往下找答案，先將書本合起來，這是一個很棒的性向測驗，將可檢測出：「你是否有奸商的 DNA？」

商戰

1. 若法軍大敗：肯定急著賣掉法國公債，很不幸的，跌停板賣不出去…

2. 若英軍大勝：英國公債勢必大漲，你要賣出英國公債？你瘋了嗎？

3. 若法軍大敗：法國公債勢必大跌，你要買進法國公債？你瘋了嗎？

4. 若英軍大勝：肯定急著買進英國公債，很不幸的，漲停板買不到了…

 Mr. CEO 的決策：狂賣英國公債→順勢出脫法國公債→狂買英國公債

全天下只有 Mr. CEO 知道英國贏得戰爭，他狂賣英國公債時，造成其他人產生「英國是否戰敗的疑問…，接著盲目跟賣英國公債」，他同時反手出脫法國公債，等到英國公債跌至 5% 價格時，全數收購英國公債，賺到超過 20 倍的利潤。

同學們，你適合當奸商嗎？你所學的管理學、行銷學、消費者行為學適用於商場實戰嗎？商管系的學生應該多一些閱讀、多一些思考、多一點懷疑…！

資訊傳遞工具的演進

| 電報 | 電話 | 網路 | 無線通訊 |

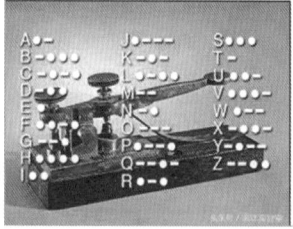   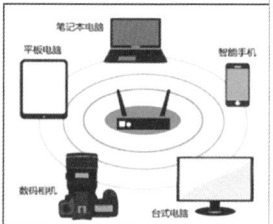

◎ 古代資訊傳遞：

快馬加鞭傳遞緊急軍情似乎時間效率不高，為何不用飛鴿傳書？為何不用電報？為何不用電話？中國愛吃飛禽走獸，山谷中架滿了捕鳥巨網，夜市中又有許多烤小鳥攤，所以用飛鴿傳遞軍情是極不靠譜的，只能出現在武俠小說的橋段中，古代中國長城上的烽火台，就是使用狼煙來傳遞軍事情報。

◎ 近代資訊傳遞：

電報	藉由電纜線傳遞信號資訊。
電話	藉由電纜線傳遞聲音資訊。
網際網路	Internet of Computer 藉由網路連線讓全球電腦互相連結。
無線網路	Internet of People 透過無線傳輸 + 行動裝置，達到人人聯網。 Internet of Things 透過無線傳輸 + 感測裝置，達到萬物聯網。

防疫資訊戰

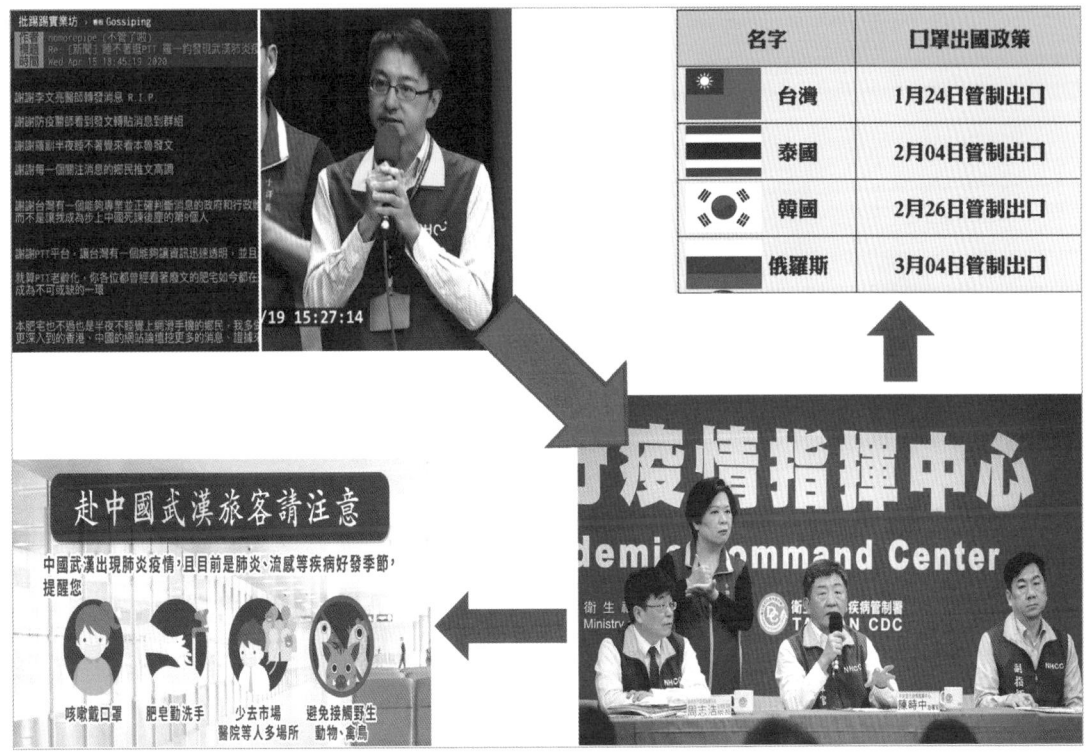

名字	口罩出國政策
台灣	1月24日管制出口
泰國	2月04日管制出口
韓國	2月26日管制出口
俄羅斯	3月04日管制出口

2019-12-31 凌晨，疾管署防疫醫師羅一鈞在逛網路論壇批踢踢實業坊（PTT），發現網友熱烈討論武漢市衛生健康委員會的緊急通知公文，趕忙將訊息放在疾管署討論群組。

中央流行疫情指揮中心於 2019-12-31 日去函世界衛生組織（WHO），提醒中國武漢市可能有不明原因的肺炎病例，同時台灣也同步進行超前部署：

2020-01-20：疾管署成立「嚴重特殊傳染性肺炎中央流行疫情指揮中心」

2020-01-23：中央流行疫情指揮中心即日起提升為「二級開設」

2020-01-27：中央流行疫情指揮中心即日起提升為「一級開設」

- ⟩ 嚴格控管邊境：體溫檢測、旅遊史、武漢禁入、…
- ⟩ 防疫物資管控：口罩禁止出口、口罩生產、銷售由政府統籌
- ⟩ 全民防疫：戴口罩、勤洗手、保持社交距離、…

一連串的積極防疫作為，將疫情阻絕於境外，更防止於社區內散佈，這一切都源自於對疫情資訊的即時掌握。

領土小國 vs. 公衛大國

項次	國家/地區	確診人數	死亡人數	死亡率
	新冠狀病毒全球死傷統計			
1	美國	890,524	51,017	5.73%
2	西班牙	219,764	22,524	10.25%
3	義大利	192,994	25,969	13.46%
4	法國	159,495	22,278	13.97%
5	德國	154,999	5,760	3.72%
6	英國	144,635	19,566	13.53%
9	中國	83,885	4,636	5.53%
26	新加坡	12,693	12	0.09%
27	日本	12,368	328	2.65%
31	南韓	10,718	240	2.24%
111	台灣	429	6	1.40%
			資料日期	04/25/20

2020 年由 1 月到 4 月，武漢疫情橫掃全球，台灣與中國商業往來非常密切，兩國商務人員的國際移動更是頻繁，因此國際衛生組織估計台灣必定是疫情重災區。但由上面的統計表可發現，台灣在防疫戰爭中取得極優的成績，台灣是個超級小國（土地、人口、資源），在這個百年難得一見的全球疫情下，全球先進大國都一一倒下的當口，我們憑什麼挺過這一劫難，甚至有能力對外提供援助呢？

⊙ 2003 年 SARS 病毒全球肆虐，台灣也是重災區，也發展出防疫 SOP，因此政府臨危不亂。

⊙ 防疫指揮中心由公衛醫師團隊領導，避免了外行領導內行的錯誤決策。

⊙ 台灣雖是資源小國，但在醫學領域的投資、發展上卻是泱泱大國：

　○ 令世人稱羨全民健保體系

　○ 醫學系永遠是大學入學第一高分

　○ 醫師享有崇高社會地位、不錯的收入

✖ ZARA：時尚資訊戰

Mass 大眾庶民

Prestige. 權貴

流行服飾第一個想到的都市：法國巴黎、義大利米蘭、日本東京、美國紐約、…，有人會聯想到西班牙的小鎮 Arteixo 嗎？沒錯！ ZARA 這個全世界最大的流行服飾品牌就是來自西班牙小鎮，一般人認知中，是只會鬥牛沒文化的國度！

開創平價奢華風

只有富人喜歡奢華嗎？夜市的 LV 包包盜版 A 貨一個賣 400，勤儉持家的婆婆媽媽們搶翻了，這些名牌廠商也卯起來自己開 OUTLET，將過季品以 2 ～ 5 折的方式銷售給中產階級粉領族，專賣過季名品的 OUTLET 到了假日就人滿為患，由此可知喜歡奢華是人性，跟收入高低無關，唯一的差別在於低收入者無法購買「高價」品！

因為中低收入者買不起高價品，「奢華」慾念無法被滿足，追求「奢華」的慾念只會更強烈，中低收入戶雖然錢少，但人數多，螞蟻搬象的力量是驚人的！

ZARA 企業概況

競爭者比較		
	員工數	年營收
ZARA	150,000	$20.6B
H&M	144,500	$20B
FOREVER 21	32,800	$2.7B
boohoo	2,354	$1.1B
GUCCI	18,000	$9B

2019年全球服飾品牌價值

Top 10 Most Valuable Brands

NIKE	**1** ← 1	2019: $32,421m 2018: $28,030m	+16%
ZARA	**2** ↑ 3	2019: $18,424m 2018: $17,453m	+6%
adidas	**3** ↑ 4	2019: $16,669m 2018: $14,295m	+17%
H&M	**4** ↓ 2	2019: $15,876m 2018: $18,959m	-16%

19

ZARA 為 Inditex 企業集團下的主力品牌,企業集團基本資料概述如下:

◎ 成立於 1975 年,算是一個 45 年的歷史的青壯企業。

◎ 2019 年營業額 200 億歐元(約合台幣 7,000 億)

　78 個國家 5,221 個營業據點

　員工人數 12.8 萬人,是全世界最大服飾公司

◎ 共有 8 個品牌,ZARA 佔總營收超過 64.4%

◎ 銷售主要市場為歐洲

　採取生產自動化與非核心事業外包策略

　製造人員配置只佔 1%

2020 年全球新冠疫情重創實體零售業,ZARA 宣布關閉全球 1,200 家實體門市,並導入 O2O 虛實整合通路策略,是危機也是契機,企業若能藉此機會脫胎換骨,將再次迎來下一個輝煌的 10 年。

ZARA 行銷 4P

價格
$^1/_{10} \sim {}^1/_4$

快速時尚
複製流行

一週
兩次新貨

門市
精華街道

ZARA 市場競爭藍海策略

定價	品牌 1/10 ～ 1/4 價格,讓小資族買得起,採取的是平價時尚的策略。
產品	跟時間賽跑,當下流行什麼就賣什麼!複製當季時尚快速上市,ZARA 採取的是快速時尚的策略。
推廣	【新品】當然是時尚產業吸引消費者上門的最強烈誘因,季季有新品→月月有新品→週週有新品,ZARA 甚至做到一週兩次新貨,因此逛 ZARA 永遠不會膩。
通路	成本控制(由每一個環節中摳出一毛錢)是企業治理中的消極作為,對於時尚產業上說,更是嚴重的謬誤,因為時尚是跟時間賽跑的產業,是一種必須花錢買時間的產業,今天的暢銷品可能明天就成為滯銷品,ZARA 相信【人潮帶來錢潮】,因此將門店全部開設在一級的商圈。

⤬ 快速時尚的營運策略

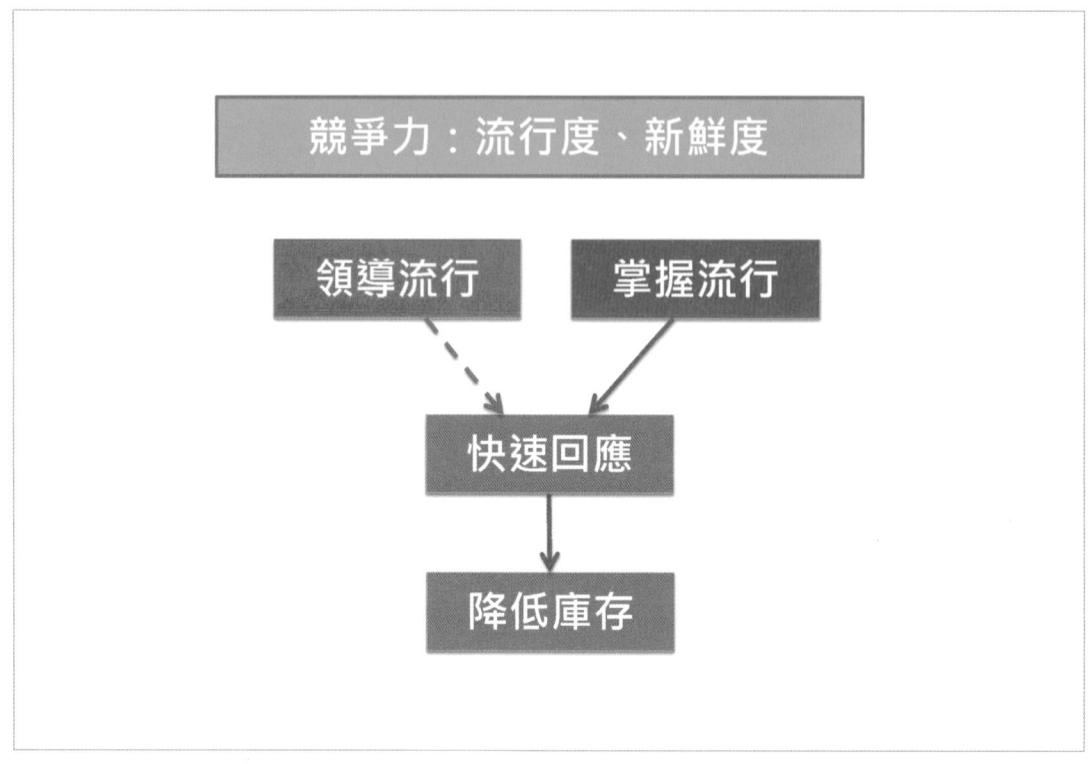

時尚產業的競爭力源自於產品的流行度、新鮮度，庫存商品留到下一個年度販售價格是很差的，因此我們常看到服飾廠商季底大清倉、跳樓大特價，今年賣不掉的當季衣服，到了明年可能只剩下抹布的價格。

ZARA 捨棄傳統時尚大廠，以創新【領導流行】的策略，改採緊跟市場變化的【掌握流行】策略，設計師們大量蒐集市場上的流行訊息、趨勢，快速的：複製→改良→上市，每一批新貨都是小量發行避免庫存壓力，若商品暢銷再度追加生產，也一定進行小改款，讓消費者不會有撞衫、穿制服的不良感受，不用拍賣打折除了保持高毛利，更保持企業品牌形象。

 掌握流行資訊

ZARA 的時尚情報訊息主要來自三個管道：

團隊設計師	經常出沒於米蘭、巴黎舉辦的各種時裝發表會、時尚場所，觀察和歸納最新的設計理念和時尚動向。
時尚情報員	憑藉靈敏的專業嗅覺，將時下流行款式及時尚訊息，彙報至設計總部。
ZARA 門市	ZARA 門市每天彙報到總部的數據包括：訂單、銷貨趨勢、客戶反映、流行趨勢，這些數據明細包括：風格、顏色、材質、可能價格…等等。

供應鏈整合

採購、生產

倉儲、物流

為了爭取時效，ZARA 在供應鏈的整合上採取以下積極作為：

生產線的整合

原料	ZARA 自有布料公司提供 89% 的布料，另有 260 家布料供應商支援。
生產	20 家自有工廠負責高度自動化工序，將大量勞力密集的縫紉工作外包給 400 多家合作廠商。
採購	生產及採購都集中在歐洲，大大加快生產和配送時間。

物流的整合

自動化物流配送中心	物流中心與生產工廠間以一條十幾公里長的地下傳送帶連結，透過先進光學讀取設備，物流中心每小時可挑選及分檢 6 萬件衣物。
速度第一、成本第二	ZARA 生產程序超過 50% 在歐洲進行，甚至以空運取代海運，雖然生產、運輸成本較高，但可大幅縮短前導時間。

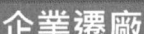 企業決策

30 年前台灣發生泡沫經濟，物價、薪資、房價飛漲，所有員工、企業都忙著從事投機事業：企業炒股、員工簽賭，製造業找不到工廠作業員，政府只會高喊產業升級，未能推出有效配套措施，廠商當時採取最簡單的應變策略：產業外移，大多數企業將工廠移至中國，享受低廉工資、土地、無環保規範的經營環境，今天中國也陷入台灣 30 年前的經濟模式，台商又被迫再次產業外移至東協國家，不論是在中國、東協國家都遭到當地人的排外活動，廠商的利潤永遠是「茅山道士」（毛利 3% ～ 4%）。

反觀 ZARA，將生產、採購、設計全部集中在生活指數最高的歐洲，他的策略是產業升級、高度自動化，由於產業聚落高度集中因此時效性特別好。

台灣政府、廠商永遠採取短期應對策略，錯失產業升級的機會，因此 30 年來經濟成長停頓、外資投資不振、薪資凍漲，年輕人沒有未來！

零售點的自主經營權

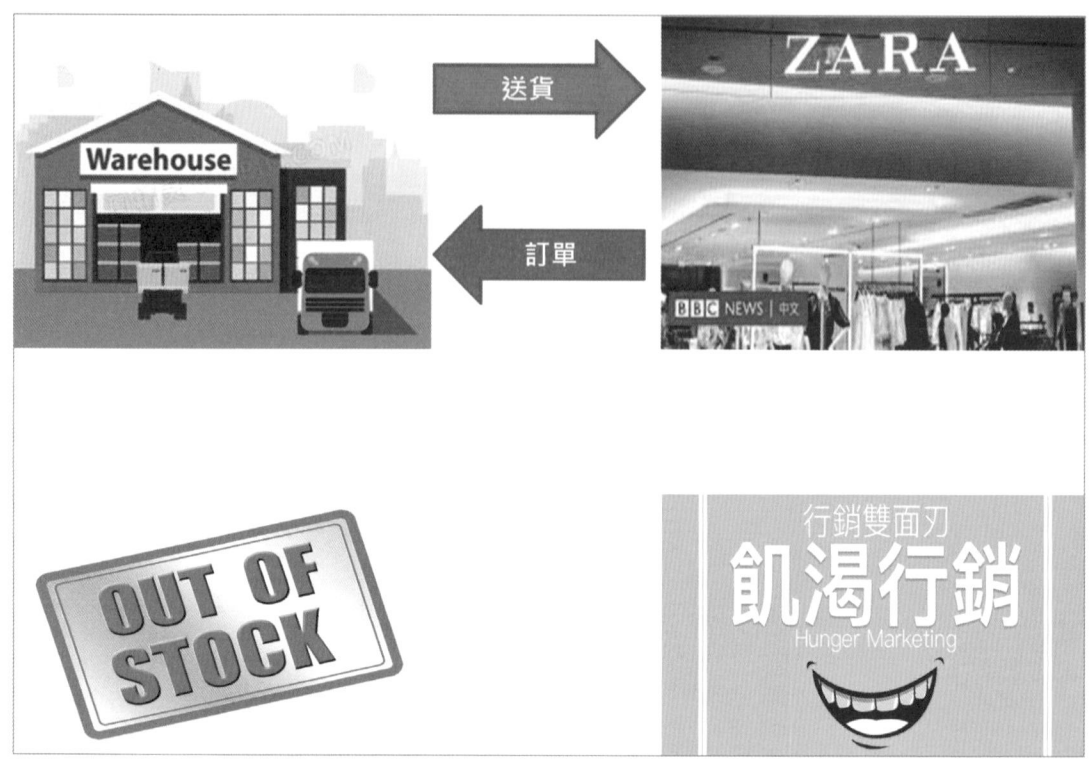

零售的整合

每家 ZARA 分店每星期向工廠下單 2 次，分店經理根據實際銷售狀況擬定訂單，因此大幅降低存貨壓力，更降低打折拍賣的機會。

由於汰換商品速度太快，暢銷品不會繼續生產，有限商品加強了顧客的新鮮感，顧客養成了 Buy it now 的習慣，平均顧客每年光顧高達 17 次（行業平均 3～4 次）。

流行服飾就如同水果一般，是具有「新鮮」與「時效」特質的，是隨著時間而快速貶值的，電腦資訊產品每天貶值約 0.1%，流行服飾每天貶值卻高達約 0.7%，前導時間的縮短就確保商品的「新鮮」與「時效」，徹底打破流行服飾業「春、夏、秋、冬」四季的觀念，創造出：「週週有新款、天天到新貨」的行銷模式，因於商品流動速度快，因此毛利遠高於行業平均值。

流程整合

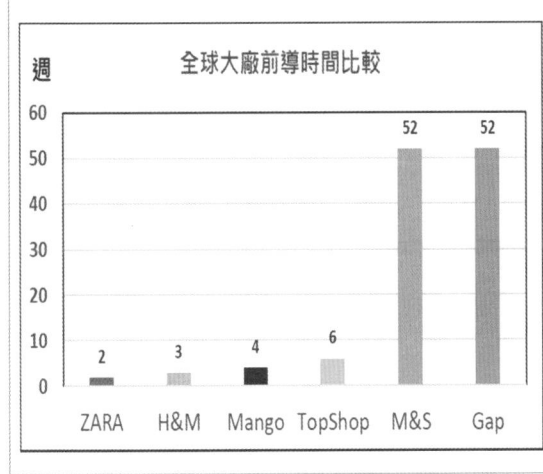

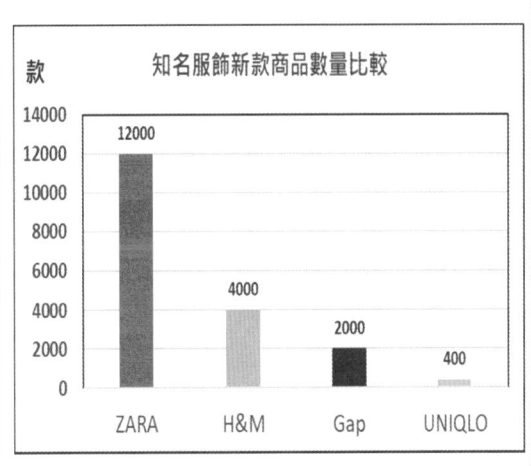

前導時間：設計→生產→物流→門市，一個產品完整循環作業時間。

- ⊙ ZARA 商品前導時間只有 2 週，是一種快速時尚，緊跟流行的腳步，傳統服飾廠商的商品前導時間需要 52 週，也就是今年規劃明年的衣服，對於變化快速的時尚產品有極高的風險性。

- ⊙ ZARA 每年有 12,000 新品，採取的是少量多樣的產品策略，產品的獨特性與稀有性更是時尚產品必備的要素。

各位讀者有空時到 Hangten、Giordano 門市參觀一下，一堆堆、一疊疊相同的商品，你會急著買回家嗎？明天、下個月、明年再度光臨，那一堆衣服還躺在同樣的地方，那就是用以蔽體的衣服，那不叫時尚！

獲利方程式

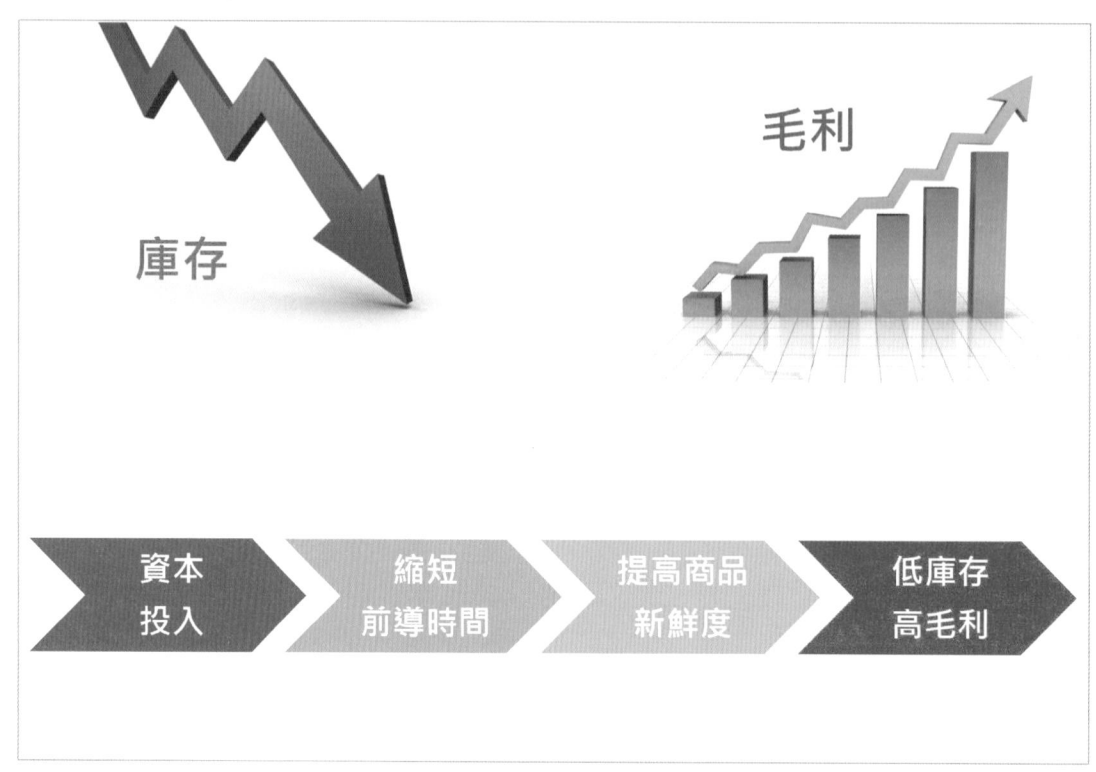

獲利 = 收入 − 成本

上面的方程式很容易理解，企業追求的獲利也是一種共識，但身為企業經理人您採取的是哪一種策略呢：

〉 Cost Down：降低成本→提高獲利

這就是 3 流企業的經營思維，以勤儉持家的精神經營企業，由每一個環節中摳出一毛錢，這也是 30 年前台商遷廠中國最主要的邏輯，一個字：「省」，若大家都遷廠到中國，競爭對手之間有誰佔到好處？

〉 Value Up：提高收入→提高獲利

ZARA 採取產業升級的模式，建立完善生產、物流體系，縮短前導時間，更以少量多樣的產品策略，提高商品價值，更與競爭對手產生極大的差異化，這才是一流企業的經營思維。

✖ 習題

( ) 1. 在【資訊 vs. 企業經營】單元中，以下哪一個項目能讓企業在訊息萬
變的競爭中做出即時、正確的決策？

(A) 掌握市場資訊　　　　　(B) 相信英明領導

(C) 努力一定會有回報　　　(D) 神明會開釋一條明路

( ) 2. 在【商業資訊影響企業決策？】單元中，以下哪一個項目不會影響
企業決策？

(A) 消費者喜好　　　　　　(B) 爸爸今天發薪水

(C) 全國平均薪資　　　　　(D) 政府法規

( ) 3. 在【金融資訊戰】單元中，有關羅斯柴爾德銀行的敘述，以下哪一
個項目有誤？

(A) 銀行主要業務為資金借貸與企業投資

(B) 平日就佈建了綿密的資訊情報網

(C) 是一個運用資金的高手

(D) 運用資訊優勢獲取極大商業利益

( ) 4. 在【滑鐵盧大戰】單元中，以下敘述何者是正確的？

(A) 英國將領是拿破崙

(B) 法軍獲得勝利

(C) 戰場在英法兩國邊界

(D) 最大的受益者是羅斯柴爾德銀行

( ) 5. 在【掌握資訊→掌握商機】單元中，羅斯柴爾德銀行利用法軍大敗
資訊，所採取的公債操作中，第一個步驟是以下哪一種項目？

(A) 賣出英國公債　　　　　(B) 賣出法國公債

(C) 買金英國公債　　　　　(D) 買進法國公債

( ) 6. 在【商戰】單元中，有關羅斯柴爾德銀行商戰的敘述，以下哪一個
項目是錯誤的？

(A) 商業間諜扮演關鍵角色

(B) 欺敵戰術勝之不武

(C) 掌握資訊是致勝關鍵

(D) 巧妙利用心理學

（　）7. 在【資訊傳遞工具的演進】單元中，以下敘述哪一項是錯誤的？
(A) 快馬加鞭是用來行傳送緊急軍情
(B) 狼煙用來傳遞軍事訊息
(C) 烽火台是古代的表演場
(D) Internet Of Things 是萬物連網

（　）8. 在【防疫資訊戰】單元中，以下哪一個城市是最早傳出新冠肺炎的？
(A) 上海
(B) 北京
(C) 深圳
(D) 武漢

（　）9. 在【領土小國 vs. 公衛大國】單元中，有關新冠肺炎防疫，以下哪一個項目的敘述，是不適當的？
(A) 台灣是超級小國，因此疫情不會擴散
(B) 有 Sars 防疫經驗
(C) 指揮中心由公衛醫師團隊領軍
(D) 醫師在台灣享有高的社經地位

（　）10. 在【ZARA：時尚資訊戰】單元中，流行時尚品牌 ZARA 來自於哪一個國家？
(A) 義大利
(B) 西班牙
(C) 日本
(D) 法國

（　）11. 在【ZARA 企業概況】單元中，以下哪一個項目是錯誤的？
(A) 銷售主要市場為歐洲
(B) 是 Inditex 集團下的一個品牌
(C) 堅持實體門市至上的通路
(D) 2019 年營業額約為 7000 億台幣

（　）12. 在【ZARA 行銷 4P】單元中，以下哪一個項目是錯誤的？
(A) 是一種快速時尚
(B) 讓小資族買得起
(C) 一周兩次新貨
(D) 強調原創精神

（　）13. 在【快速時尚的營運策略】單元中，以下有關 ZARA 的商品策略敘述，何者是錯誤的？
(A) 堅持領導流行
(B) 採取掌握流行
(C) 快速回應市場
(D) 保持低庫存、高毛利

(　) 14. 在【掌握流行資訊】單元中，以下何者不是 ZARA 時尚情報訊息的來源？

(A) 團隊設計師 　　　　　　(B) 校園服裝設計大賽
(C) 時尚情報員 　　　　　　(D) ZARA 門市

(　) 15. 在【供應鏈整合】單元中，以下有關 ZARA 供應鏈的敘述，哪一項是錯的？

(A) 生產及採購都集中在歐洲
(B) 自有布料公司提供大部分的布料
(C) 以海運運輸為主大幅降低成本
(D) 大量勞力密集的縫紉工作外包

(　) 16. 在【企業決策】單元中，以下有關於產業外移的敘述，何者是不適當的？

(A) 經營環境惡劣
(B) 政府缺乏產業政策
(C) 國內薪資停滯不前
(D) 年輕草莓族無法勝任工作

(　) 17. 在【零售點的自主經營權】單元中，以下有關 ZARA 零售點自主的敘述，何者是錯的？

(A) ZARA 的商品都是經典款十分保值
(B) 分店經理可自主下單
(C) 採取飢餓行銷策略
(D) 週週有新款、天天到新貨

(　) 18. 在【流程整合】單元中，有關前導時間的排列順序，以下哪一個項目是正確的？

(A) 門市→設計→生產→物流　　(B) 設計→生產→物流→門市
(C) 門市→生產→設計→物流　　(D) 物流→門市→設計→生產

(　) 19. 在【獲利方程式】單元中，以下哪一個項目是錯誤的？

(A) 勤儉持家是企業致富保證
(B) Value Up：提高收入→提高獲利
(C) Cost Down：降低成本→提高獲利
(D) 差異化才是一流企業的經營思維

組織運作

人盡其才、物盡其用

企業、組織隨著規模不斷變大，專業分工就越明確，每一個部門、每一個單位、每一個個人都有自己的業務範圍，每一個個體遵循既有的作業程序，完成自己的工作：

⊙ 有時分工：A 完成工作後傳遞給 B，B 完成工作後傳遞給 C

⊙ 有時合作：A、B、C 必須組成一個團隊協力運作

⊙ 有時既分工又合作：同一團隊中再分工

一個企業的組成分為兩個部分：

⊙ 有形資源：人、資金、辦公室、設備

⊙ 無形資源：作業流程、公司願景、文化、領導

本單元將著重於無形資源的探討！

案例：CEO 養成班

古語說：「一室之不治何以天下國家為」，說的是家庭治理是所有管理的根本，一個家庭雖然成員簡單、關係單純，但也已經具備一個組織的所有要素了。

家中的主角：「媽媽」，就是家中的 CEO，負責整合所有資源，負責協調所有成員的運作，訂定生活規範，努力經營一個【家】，家最後的產出是滿滿的幸福，而所有的運作原理卻跟企業經營是一致的，唯一不同的只是規模大小的差異。

以下我們就以【媽媽的一天】實況報導，來解析家庭運作與企業運作的一致性！

下訂單

 13:00 ⟶

訂貨意向：

親愛的老婆，晚上帶同事回家

吃飯可以嗎？

商務溝通：

當然可以！

幾個人，幾點，想吃什麼菜？

下訂單：

6個人，7點左右回來

我們要：酒、烤鴨、番茄炒蛋、

涼菜、蛋花湯...

訂單確認：

沒問題，我會準備好的

事件：爸爸要帶同事回家聚餐

動作	口語敘述	相對商業活動
1	爸爸打電話回家向媽媽報告，並提出支援請求	訂貨意向
2	媽媽核准爸爸的請求後，並詢問菜色需求	商務溝通
3	爸爸提出點餐項目	下訂單
4	媽媽記下所有項目後，確認後回覆 OK	訂單確認

以上 4 個工作工作項目，由第 2 欄【口語敘述】就是家庭用語，對照為第 3 欄【相對商業活動】就是專業能力。

以上這些媽媽都懂，而且是專家不是嗎？

物料需求規劃

BOM表：

鴨、酒、番茄、雞蛋、調味料...

物料清單：

1隻鴨，5瓶酒，10個雞蛋...

　　炒蛋：6個雞蛋

　　蛋花湯：4個雞蛋

盤點：

冰箱只剩下2個雞蛋

事件：準備晚上聚餐的食物材料

動作	口語敘述	相對商業活動
1	從媽媽的腦袋中跳出每一樣餐點的食譜	BOM 表
2	根據食譜列出所有食材物料的需求量，並加總	物料清單
3	檢查冰箱中所有食材物料的存量	盤點

食譜：番茄炒蛋→ 2 顆番茄、3 顆蛋、一根蔥、3 匙太白粉、⋯

食譜：蛋花湯→ 2 顆蛋、一根蔥、貢丸 6 顆、⋯

⋯

共需要蛋：3（番茄炒蛋）+ 2（蛋花湯）+⋯

採購流程

採購折扣：

1個5元

半打25元

1打45元

詢價：

請問雞蛋怎麼賣？

經濟批量：

我只需要8個，但這次買1打

驗收：

這有一個壞的，換一個

事件：採購食材

動作	口語敘述	相對商業活動
1	向老闆詢問蛋價	詢價
2	老闆回覆蛋價： 1個 5 元、半打 25 元、1 打 45 元	採購折扣
3	只需 8 個蛋購買 1 打	經濟批量
4	媽媽檢查蛋盒中的商品品質	驗收

動作 2：老闆懂得薄利多銷的原理

動作 3：媽媽有經濟批量的觀念

動作 4：媽媽有商品檢驗的習慣與專業

🏃 生產過程

工藝路線：
準備、洗菜、切菜、炒菜...

生產設備：
廚房有瓦斯爐、烤箱、電鍋...

瓶頸工序：
拔鴨毛非常費時

產能不足：
用烤箱自己做烤鴨會來不及

委外生產：
決定餐廳裡買現成的

事件：生產【佳餚】

動作	口語敘述	相對商業活動
1	準備食材→洗菜→切菜→炒菜→…	工藝路線
2	廚房內有：瓦斯爐、烤箱、電鍋、…	生產設備
3	拔鴨毛非常費時	瓶頸工序
4	用烤箱自己做烤鴨會來不及	產能不足
5	烤鴨決定到餐廳買現成的	委外生產

動作 1：媽媽駕輕就熟的安排各個動作的先後順序

動作 3：缺少專業器械，自己拔鴨毛將會佔據所有時間，阻礙整體工作

動作 4：家用的烤箱功率不足，要烤熟整隻鴨恐怕會來不及

動作 5：媽媽考量【瓶頸工序】、【產能不足】2 個實務問題
　　　　作了【委外生產】的決策

訂單處理

16:00 ─────────→

緊急訂單：
媽媽，晚上邀同學來家吃飯！

你們想吃什麼？
爸爸晚上也有客人
併單處理：
願意一起吃嗎？

一定要有番茄炒雞蛋
我們不和大人一起吃
6：30左右回來

訂單確定：
好的，肯定讓你們滿意

事件：訂單處理

動作	口語敘述	相對商業活動
1	16:00 兒子通知老媽，要帶同學回家吃飯	緊急訂單
2	媽媽詢問兒子是否願意跟爸爸的同事共餐	併單處理

動作 1：16:00 媽媽接到兒子電話後，要重新啟動一個作菜計畫勢必是來不及，這就是一個【緊急訂單】，媽媽只能針對進行中的作業加以調整，以滿足緊急訂單的需求。

動作 2：媽媽的應變措施：

    A. 併單處理：讓爸爸同事與兒子同學併桌，再加 2 個菜

    B. 不併單處理：每一道菜加大份量，分成 2 盤

✕ 緊急應變

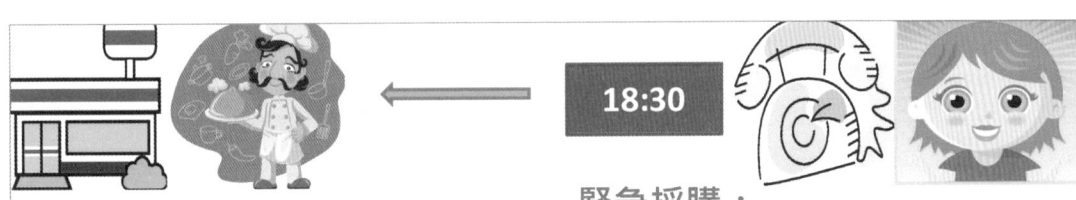

18:30

緊急採購：
雞蛋不夠，打電話叫小店送來

委外採購跟催：
怎麼烤鴨還沒送來？

不好意思
可能是堵車，馬上到...

驗收、入庫：
烤鴨到了，請在單上簽字

事件：緊急應變

動作	口語敘述	相對商業活動
1	雞蛋不夠，打電話請巷口小店送過來	緊急採購
2	打電話到餐廳詢問烤鴨為何還沒送到	委外採購跟催
3	收到烤鴨，在單上簽字	驗收、入庫

動作 1：平日市場買蛋較便宜，但由於兒子的【緊急訂單】因此啟動【緊急採購】程序，請雜貨店送蛋過來，雖然較貴但即時送達。

動作 2：烤鴨的餐桌上的主要菜色，必須確認準時送達，否則會影響整個晚餐的行程，因此媽媽會很謹慎地作出【委外採購跟催】的專業動作。

以上就是媽媽這一天的家庭治理，在能力上與企業內的各級領導（課長→經理→ CEO）相比，毫不遜色，在工作內容上也幾乎是一致的，因此筆者認為【家】就是 CEO 最佳養成單位！

餐飲王國演進史

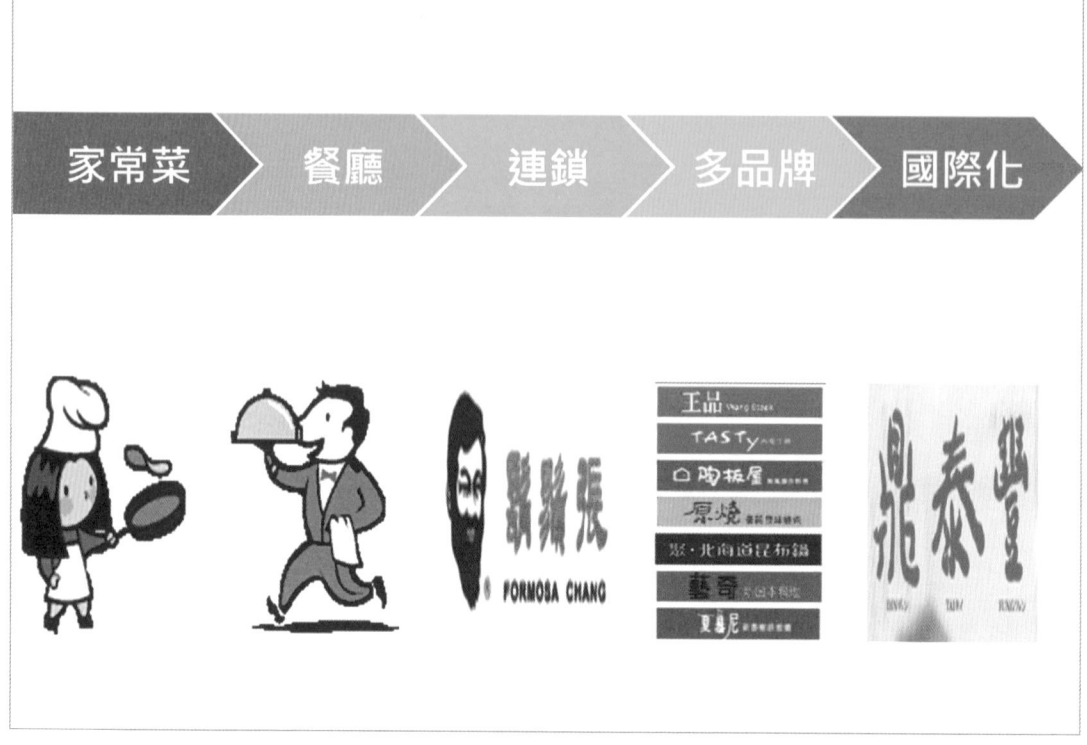

媽媽煮得一手好菜，爸爸的同事們大為讚賞，經常到家裡來蹭吃蹭喝的，最後大家覺得媽媽不應該埋沒好手藝，因此決定集資幫媽媽在附近開一家巷口餐廳，造福鄰里。

餐廳開張後，由於飯香四溢、味美價廉，因此生意一路紅火，客人預約排隊成為常態，因此餐廳股東們一致決議：「開設區域型分店」，生意依然旺旺旺…，餐廳股東們再次決議：「開設全國分店」，造福全國老饕。

媽媽餐飲連鎖集團紅遍全國後，媽媽開始思考：「集團是否可以多元發展，提供多個品牌→多個菜系→服務不同飲食口味的客人」，最後媽媽餐飲集團下成立多個品牌。

一個成功地的餐飲集團勢必要成為過江龍，進軍國際揚名海外，最後以創新思維開創美食外送平台，媽媽餐飲集團成功在那斯達克上市！

組織的發展

組織型態	經營者角色	經營重點	發展重點
家庭	全包	新的菜色、家人口味	媽媽的味道
餐廳	招待 跑堂 會計	標準化的菜單 表訂的營業時間 聘請：廚師、跑堂	一致的口味 一致的服務
連鎖	新店規劃 店長培訓 巡迴指導	統一採購 人員培訓 企業形象建立	開發特色料理 提升服務品質 擴點
多品牌	？？？	建立中央廚房、員工創業方案、幸福企業經營理念	
全球化		法務部門、財務規劃	

隨著集團業務不斷擴張：家庭→餐廳→連鎖經營，媽媽 CEO 的角色不斷轉換提升，媽媽 CEO 在既有的基礎上，不斷學習→成長（參見上圖）。

每一次的成長都對企業組織產生變革，每一次變革都是企業的重大挑戰，部門的重組或擴編讓部門間的分工更明確，分工明確可以讓每一個單位都更專注在核心業務，部門效率也因此提高，但分工之後，各單位如何聯繫、銜接、配合、整合？一件業務跨數個部門，各部門間的協調、整合就成了最困難的挑戰，俗語說：「三個和尚沒水喝」，就是說明分工與整合不良所產生的結果，整合不成功的企業就在成長的過程中被龐大的組織架構拖垮了。

當集團跨入「多品牌」、「全球化」經營策略後，媽媽 CEO 無論在體力上、專業知識上都不可再親力親為了，必須引進專業經理人，各品牌獨立運作成為利潤中心，但共享集團資源，各國分公司必須進行在地化融入與革新。

分工 vs. 合作

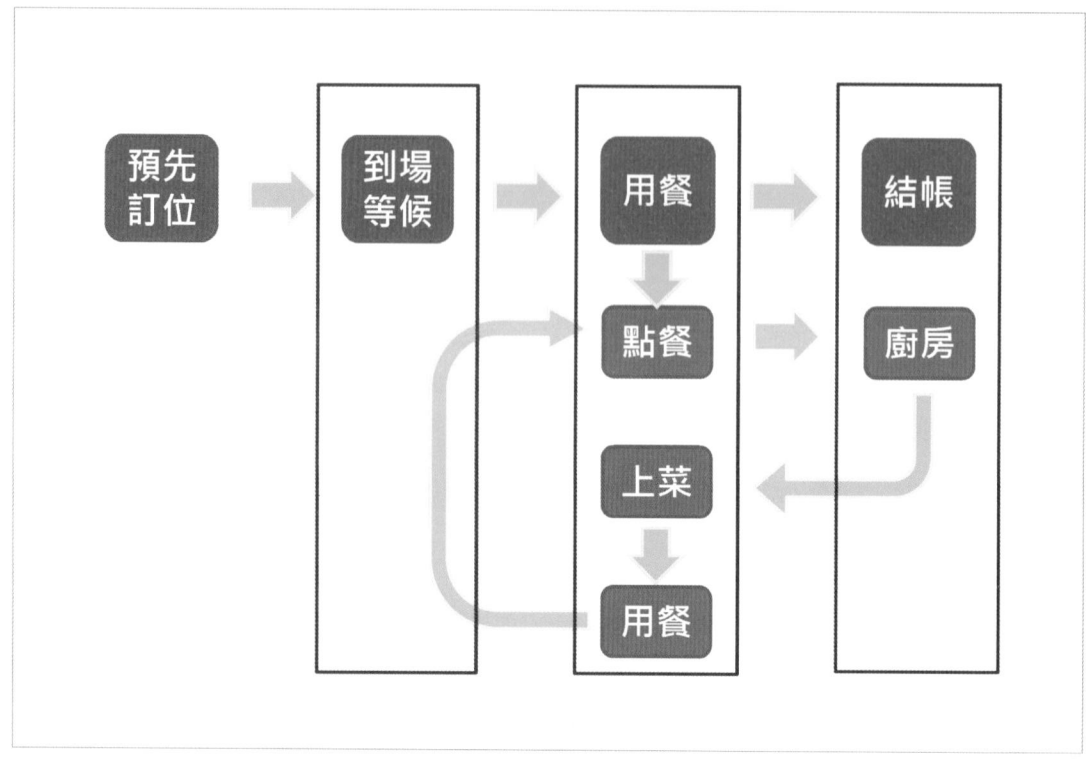

生意好就是對服務團隊最大的考驗,「分工明確」會讓所有工作都有人照顧,「合作無間」會讓所有工作無縫接軌,上面流程圖中,每一個步驟都可能產生瓶頸,一旦瓶頸產生就會攪亂整個流程的進行,舉例如下:

> 客人用餐結束前覺得意猶未盡,想要加點幾個菜。

○ 服務人員是否會主動推薦適宜的餐點 (可快速上菜的)。

○ 廚房配菜人員是否會將加點的單子排在第一順位。

> 一旦餐廳內的客人用餐時間拉長,在外等候的客人就必須延遲進場,延遲的過程中:

○ 等候區的服務人員能否衷心的道歉,加強服務。

○ 提供補償優惠措施。

延伸學習:
達美樂 Pizza 快送服務 30 分鐘送達,否則贈送 100 元折價券。
若你是客人你喜歡獲得折價券嗎?若你是店長你喜歡送出折價券嗎?

林來瘋效應

在 NBA 球賽中，一個籃球隊：場上 5 個人 + 板凳 5 個人，10 個人各有專長，都身懷絕技，紐約尼克隊中有許多高薪的明星球員，但戰績卻是東區墊底，因為球賽是團體遊戲，勝負的關鍵是「團隊默契」，一個好的控球員，了解隊員的能力與專長，精準指揮與配球，場上的隊友對控球員的信任與服從。

當林書豪比出一個 3 號手勢，所有隊員都必須明確的知道何謂「3 號」戰術，在尼克隊中只有一種「3 號」戰術，所有隊員必須深信不疑開始移位以配合「3 號」戰術，而作為控球員的林書豪就必須在最佳時機，將球做最適當的攻擊安排。

NBA 的強力籃球強調的是「明星球員」、「個人球技」，林書豪的竄起，甚至名字變成新英文單字 Linsanity，他的迷人之處在於「資源整合，贏得球隊勝利」，他讓整個球隊活起來，讓板凳球員成為第二支後備戰力，讓球賽變成團隊遊戲，而不只是超人秀。

政府團隊

台北市路平專案

捷運柵湖線＝詐胡線

台北市路平專案

由於台北市的街道路面不平，因此重新將路面鋪平，並強調【施工品質】，把路鋪平之後，可以維持多久？事實上公家單位才是「路不平」的元凶（台電就名列偷挖馬路第一名），每一個單位需要對路面施工時並不知會其他單位，同一段路一年被挖幾十次，「路平」的關鍵因素是【團隊合作】問題，市政府應該訂定道路施工作業規範，各單位必須協調、整合出共同施工時程，並嚴懲違規偷挖馬路者，如此才能確保【路平】。

台北捷運：詐胡線

通車營運 156 天中共發生 122 次延誤事故：故障、出軌、對撞意外等，因此「木柵←→內湖」線被戲稱為「詐胡」線，一個龐大的交通建設工程被分解，然後層層轉包給下游廠商，最後工程、系統的銜接、整合就成為一場大災難。

團隊合作的困難度

15人16腳

30人31腳

筆者從小就被教導團隊的【分工合作】，我一直都認為【分工合作】就是一件事，進入職場後才頓悟：【分工】、【合作】是兩件事，【分工】很容易、【合作】很難，多數的長官、領導都在做【分工】的事，但工作間的進行程序、銜接整合由誰負責呢？工作完成後績效又歸誰呢？

小時候班級打掃，衛生股長一般將工作分配如下：

　⊙ A 組：掃地　B 組：拖地　C 組：擦窗戶　D 組：擦桌子

有經驗的衛生股長就會排定作業程序：

　⊙ 第 1 階段：A 掃教室、C 擦外層窗戶

　⊙ 第 2 階段：B 拖教室、C 擦內層窗戶、D 擦桌子、A 掃走廊

　⊙ 第 3 階段：拖走廊

北高捷運系統比較

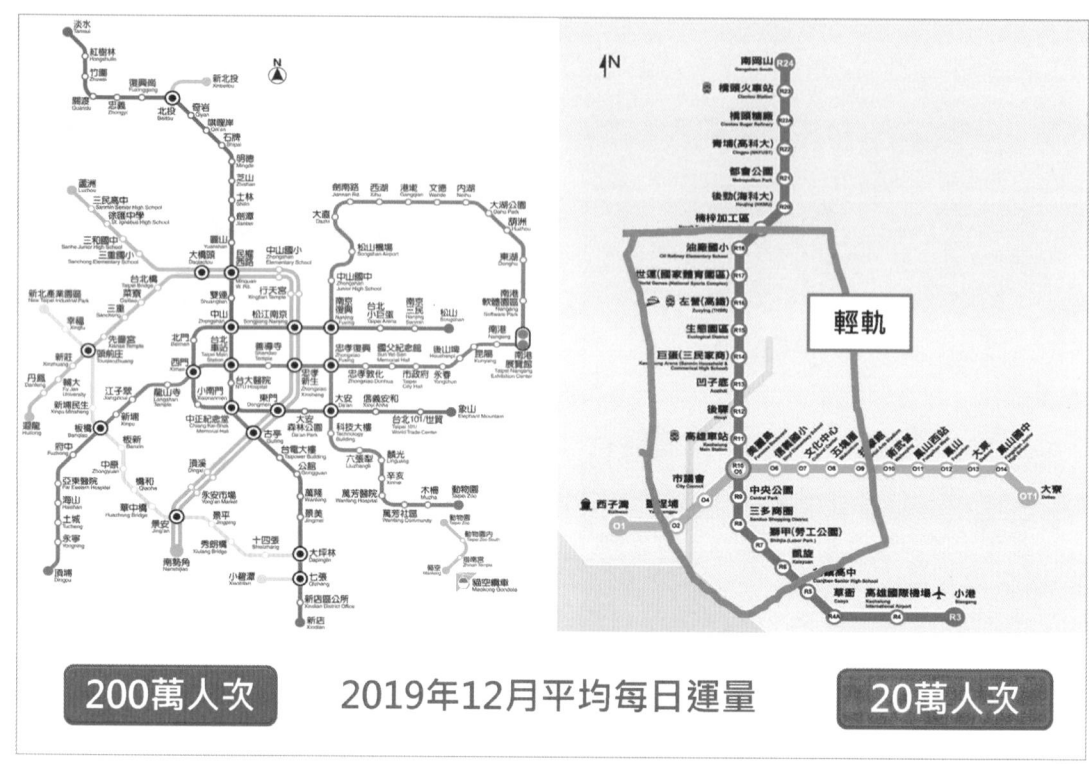

大眾捷運系統成功基本要素：經濟規模、便利性

⊙ 人口數：人口數太低無法達到經濟規模。

⊙ 面積：都會面積太大則不易建置綿密路網，會降低便利性。

下表是大台北、高雄兩大都會區基本數據：

都市	總面積	總人口	人口密度	都會區人口
台北市	272	2,653,948	9,764	
新北市	2,053	3,920,761	1,910	2
大台北	2,324	6,574,709	2,829	6,900,000
高雄市	2,948 平方公里	2,774,586	941 人 / 平方公里	2,781,338

雙北交通網絡的整合

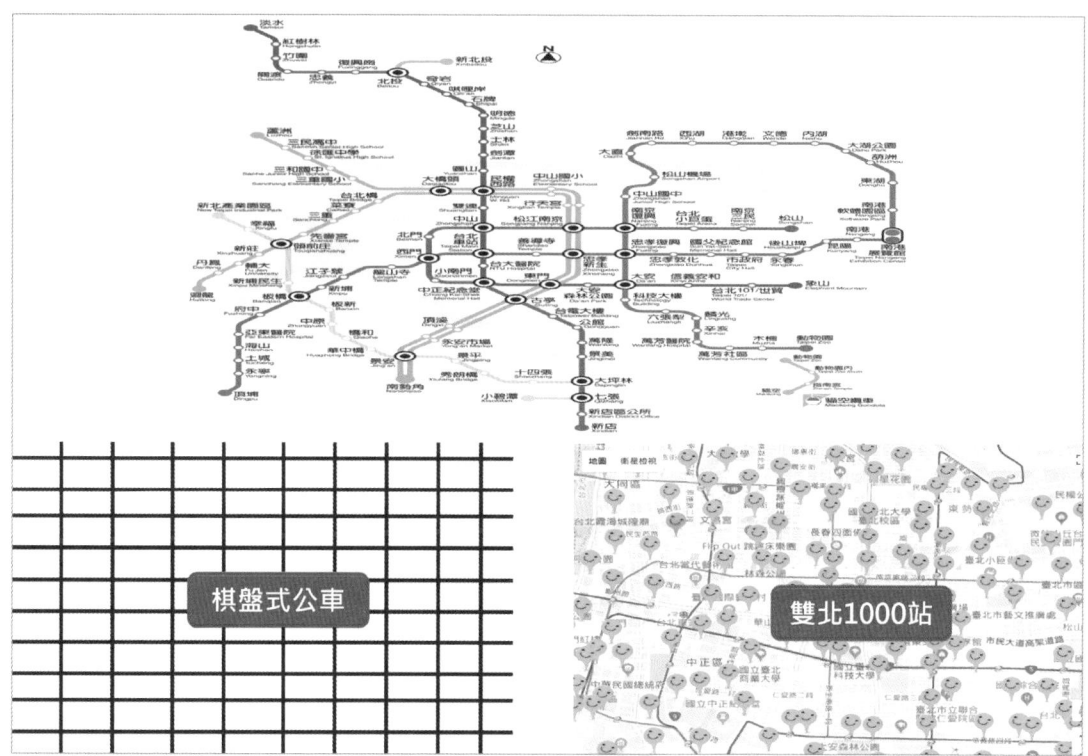

棋盤式公車

雙北1000站

便利性：

⊙ 路網密度：路網密度越高民眾搭乘便利性越高，搭乘意願越高。

路網整合：捷運＋公車＋計程車＋腳踏車

⊙ 台北市區公車路線規劃為棋盤式，與捷運系統做整合，搭乘捷運轉乘公車可享折扣。

⊙ 各捷運站外設置計程車招呼站。

⊙ 公用腳踏車租借（雙北共 1000 站）。

2019 年 12 月運量統計資料

⊙ 北捷運每日平均 200 萬人次，高雄捷運每日 20 萬人次。

由上面數據分析可確認，便利性、路網整合是捷運系統成功的 2 個關鍵因素。

悠遊卡成功的關鍵：整合

⊙ 提供便利性：免除使用找零錢的不便。

⊙ 提高效率：在擁擠的大眾運輸環境中，可加速通行效率。

⊙ 大眾運輸路網建構的完整性：悠遊卡是為了提供大眾運輸工具的效率的設計的，如果大眾運輸路網不完整，民眾搭乘意願不高，悠遊卡便毫無價值。

⊙ 政府認證合法的小型錢包：由於政府背書，各企業、消費場所接受意願高，因此大大提供悠遊卡的使用範圍。

⊙ 悠遊卡與其他系統的整合成功

　　○ 台北市悠遊卡首先整合市內：捷運、公車、公立停車場…

　　○ 與各縣市大眾運輸系統整合

　　○ 與民間企業整合

　　○ 與銀行信用卡整合

　　○ 與學校學生證整合

　　○ …一卡在手…行遍天下

政府資源整合

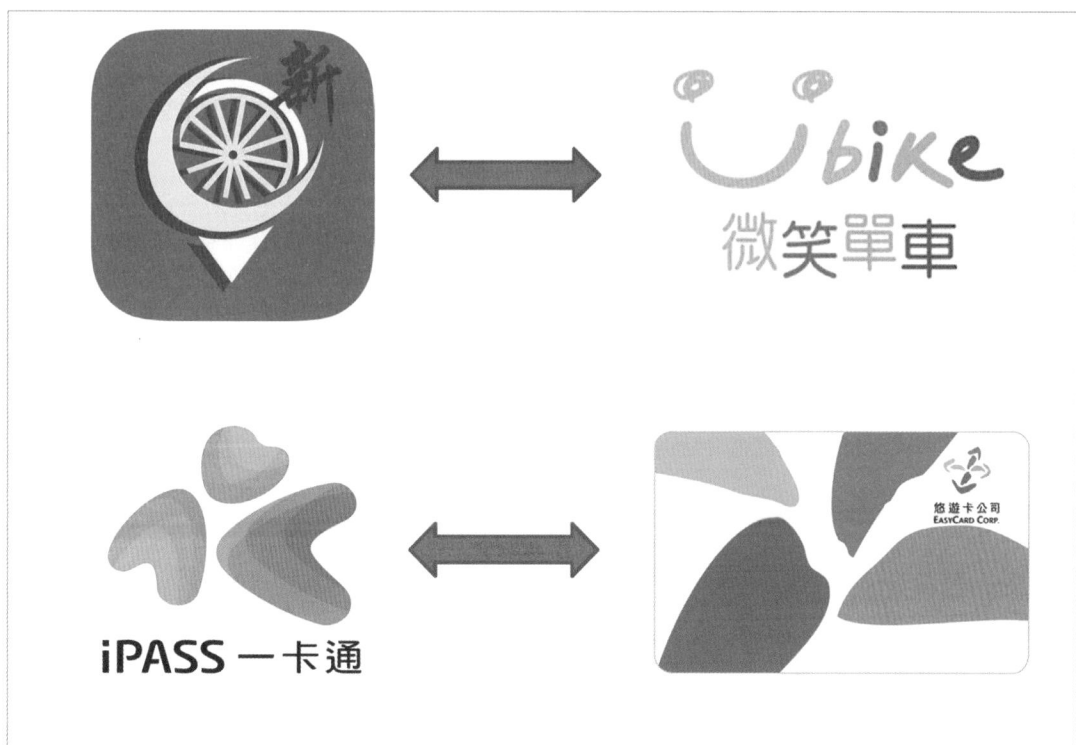

案例一：新北、台北共享單車整合

新北市前身台北市縣政府於 2013 年 9 月正式啟用 NewBike 系統，由於與共同生活圈的台北市 U-Bike 不相容，縣民無法跨區還車，實務運作上非常不便利，在巨大批評聲浪下，NewBike 於 2015 年 4 月停止運作，以 U-Bike 取代 NewBike。

案例二：北、高兩市線上支付系統整合

台北悠遊卡 2002 年 6 月開始運作，高雄一卡通 2007 年 12 月正式發行，兩個系統各自獨立，使用悠遊卡不能搭高雄捷運，卻可搭高雄渡船，2016 年 7 月台北市政府與高雄市政府成功整合悠遊卡與一卡通，從此雙卡南北皆可用。

以上兩個案例最後都是以整合收場？但為何不是事前整合？而是事後讓民眾萬分不便激發民怨後才願意整合？如果貫穿台灣南北的「高速鐵路」任由各地方政府自己搞一小段，最後再來整合，這樣的高速鐵路你敢搭乘嗎？

 案例：中國共享單車挫敗

共享單車的成敗案例：

- 台灣的 Ubike：採取固定樁的傳統管理模式，成功了！

- 新加坡 obike：採用物聯網科技的無樁式管理模式，在台灣推廣失敗了！

- 中國 ofo：採用物聯網科技的無樁式管理模式，在中國成為廢鐵了！

租借的便利度當然是共享單車系統成功與否的關鍵因素，obike、ofo 都採用物聯網新進科技，達到隨地可租、隨地可還的絕對便利性，但卻失敗了，因為者兩個系統都缺乏對於公民素質的認識，【方便】與【隨便】就是一線之隔，新進國家公民教育普及、紮實，利用科技就是一種方便，開發中國家的公民講究的是自我的便利性，結果就是大家都很隨便：破壞單車、據為己有、隨意亂停、……，最後當然失敗了！

Ubike 設立密集的停車樁大幅提高租車、還車的便利性，更達到車輛管理、維修、調度的整合功能，Ubike 成功了，贏在系統的整合、管理、維護！

電子商務 vs. 傳統商務

電子商務興起後，發展的力道勢如破竹，許多老牌傳統零售通路大廠宣布破產倒閉，媒體上一面倒的評論著：「電子商務將取代傳統商務」的聳動題目。

網路電子商務與傳統實體商務應該是相輔相成的！以下我們就以職業球賽作實例解說：

小王喜歡看球賽，平時就透過電視或網路轉播觀賞球賽，小花為了陪男朋友小王，因此也一起跟著看球，漸漸的，小花也認識一些球星，知道一些棒球術語，不只是看熱鬧，也懂得看門道了，年度總冠軍賽時小王死命地搶到 2 張門票帶著小花到現場去看比賽，兩個人全副武裝：全套棒球服、加油道具，在場中聲嘶力竭、搖旗吶喊，他倆不只是觀眾，更是參與整場球賽的鐵粉。

球賽轉播（電子商務）擴大全民參與的機會（小花），現場球賽（實體商務）讓消費者熱情奔放（成為鐵粉），很顯然職業球賽成功的整合了實體商務與電子商務！

商務整合：O2O

購物消費可分為 2 種不同的情境：

⊙ 物質滿足：生活必需品、消耗品、日常用品、⋯
　　　　講究：購物便利性、產品性價比、⋯

⊙ 精神滿足：奢侈品、貴重物品、耐久財、⋯
　　　　講究：體驗、購物情境、價值感、⋯

⊙ 電子商務的強項：社群經營、資訊流快速、金流便利，適合網路行銷與線上交易，偏向於上述的【物質滿足】。

⊙ 實體商務的強項：商品體驗、人員諮詢、賣場氣氛營造，適合客製化服務，偏向於上述的【精神滿足】。

Online（線上）結合 Offline（線下）的虛實整合商務，才是日後零售通路發展的主流！

案例：Amazon Fresh

Amazon 是全球最大電商，以【賣所有商品】為公司的使命，然而在網路上賣【生鮮】商品可以打動消費者嗎？

Amazon 併購美國最大生鮮連鎖超市 WholeFood，消費者透過手機 App 線上訂貨，15 分鐘後即可在超市停車場享受【麥當勞得來速】式的免下車提貨服務。

Amazon 買下 WholeFood 全美 400 家超市，也就是提供了 400 個便捷的物流點，WholeFood 是生鮮超市的模範生，Amazon 買下的更是消費者信賴的品牌，異業結盟讓 Amazon 的網購優勢順利結合 WholeFood 的生鮮超市實體經營，是 O2O 的完美演出。

習題

( ) 1. 在【組織運作】單元中，以下哪一個項目不是無形資源？
(A) 文化
(B) 作業流程
(C) 公司願景
(D) 辦公設備

( ) 2. 在【案例：CEO 養成班】單元中，以下哪一個項目是錯誤的？
(A) 爸爸是家中的 CEO
(B) 家庭已經具備一個組織的所有要素
(C) 企業與家唯一不同是規模大小
(D) 家最後的產出是滿滿的幸福

( ) 3. 在【下訂單】單元中，有關 CEO 養成班的案例，以下哪一個項目的口語敘述與相對商業活動是錯誤的？
(A) 爸爸打電話向媽媽報告，並請求支援→訂貨意向
(B) 媽媽核准爸爸的請求並詢問菜色需求→討價還價
(C) 爸爸提出點餐項目→下訂單
(D) 媽媽記下所有項目後回覆 OK →訂單確認

( ) 4. 在【物料需求規劃】單元中，有關 CEO 養成班的案例，以下哪一個項目的口語敘述與相對商業活動是錯誤的？
(A) 從媽媽的腦袋中跳出每一樣餐點的食譜→ BOM 表
(B) 根據食譜列出所有食材物料的需求量→物料清單
(C) 檢查冰箱中所有食材物料的存量→清庫存
(D) 需要：1 隻鴨、5 瓶酒、10 個雞蛋→物料清單

( ) 5. 在【採購流程】單元中，有關 CEO 養成班的案例，以下哪一個項目的口語敘述與相對商業活動是錯誤的？
(A) 向老闆詢問蛋價→詢價
(B) 1 個 5 元、半打 25 元、1 打 45 元→採購折扣
(C) 只需 8 個蛋購買 1 打→經濟批量
(D) 媽媽檢查蛋盒中的商品品質→品管

( ) 6. 在【生產過程】單元中,有關 CEO 養成班的案例,以下哪一個項目的口語敘述與相對商業活動是錯誤的?

(A) 拔鴨毛非常費時→生產效率

(B) 瓦斯爐、烤箱、電鍋、…→生產設備

(C) 用烤箱自己做烤鴨會來不及→產能不足

(D) 烤鴨決定到餐廳買現成的→委外生產

( ) 7. 在【訂單處理】單元中,有關 CEO 養成班的案例,對於訂單處理以下哪一個項目是錯誤的?

(A) 16:00 兒子才通知老媽是屬於緊急訂單

(B) 針對緊急訂單,媽媽啟動新作菜計畫

(C) 媽媽詢問兒子是否願意跟爸爸的同事共餐是屬於併單處理

(D) 面對緊急訂單必須調整生產作業

( ) 8. 在【緊急應變】單元中,有關 CEO 養成班的案例,【雞蛋不夠,打電話請巷口小店送過來】所對應的商業活動用語,是以下哪一個項目?

(A) 委外採購跟催 　　　　　(B) 驗收

(C) 緊急採購 　　　　　　　(D) 入庫

( ) 9. 在【餐飲王國演進史】單元中,以下哪一個程序是正確的?

(A) 餐廳→多品牌→連鎖→國際化

(B) 多品牌→連鎖→餐廳→國際化

(C) 連鎖→多品牌→餐廳→國際化

(D) 餐廳→連鎖→多品牌→國際化

( ) 10. 在【組織的發展】單元中,三個和尚沒水喝說的是以下哪一個項?

(A) 分工與整合不良所產生的結果

(B) 人性的自私

(C) 分工不均的後果

(D) 和尚好吃懶做

( ) 11. 在【分工 vs. 合作】單元中,以下哪一個項目是錯誤的?

(A) 分工明確讓所有工作都有人照顧

(B) 生意差是對服務團隊最大的考驗

(C) 合作無間讓所有工作無縫接軌

(D) 分工、合作是兩件事

( ) 12. 在【林來瘋效應】單元中，以下哪一個項目是錯誤的？

(A) 籃球賽一隊上場 5 個人

(B) Linsanity = 林來瘋

(C) NBA 的強力籃球強調的是團隊默契

(D) 林書豪的迷人之處在於資源整合

( ) 13. 在【政府團隊】單元中，以下哪一個項目是錯誤的？

(A) 台北市路平專案強調施工品質

(B) 台北捷運「木柵←→內湖」線被戲稱為「詐胡」線

(C) 公家單位是路不平的元凶

(D) 加強維護才能確保路平

( ) 14. 在【團隊合作的困難度】單元中，以下哪一個項目是錯誤的？

(A) 分工合作是一件事

(B) 分工很容易

(C) 合作很難

(D) 成果的分配是團隊合作的基礎

( ) 15. 在【北高捷運系統比較】單元中，以下哪一個項目是錯誤的？

(A) 高雄捷運經濟規模遠不如雙北

(B) 2019 年高雄運量超過雙北

(C) 高雄捷運密度遠不如雙北

(D) 捷運的便利性是系統成功的關鍵

( ) 16. 在【雙北交通網路的整合】單元中，以下哪一個項目是錯誤的？

(A) 路網密度越高→便利性越高

(B) 路網整合是捷運系統成功的關鍵因素

(C) 2019 年北捷運量大約為高捷 2 倍

(D) 路網整合：捷運＋公車＋計程車＋腳踏車

( ) 17. 在【悠遊卡成功的關鍵：整合】單元中，以下哪一個項目不是悠遊卡提供的效益？

(A) 免除使用找零錢的不便

(B) 可加速通行效率

(C) 一卡在手…行遍天下

(D) 免費社會福利

（　）18. 在【政府資源整合】單元中，以下哪一個項目是錯誤的？

(A) 地方政府合作無間

(B) NewBike 與 U-Bike 整合是被逼的

(C) 悠遊卡與一卡通整合是被逼的

(D) 中央政府對於地方建設缺乏整合能力

（　）19. 在【案例：中國共享單車挫敗】單元中，以下哪一個項目是錯誤的？

(A) Ubike 密集的停車樁是成功關鍵

(B) obike 物聯網新進科技打敗 U-Bike

(C) 無樁式管理模式失敗在於公民素養

(D) 管理是一個系統成敗的關鍵

（　）20. 在【電子商務 vs. 傳統商務】單元中，以下哪一個項目是正確的？

(A) 免費球賽轉播將導致球迷不進球場

(B) 網路直播勢必取代現場看球

(C) 球賽轉播可以擴大看球的族群

(D) 現場球迷與網路球迷是兩掛人

（　）21. 在【商務整合：O2O】單元中，以下哪一個項目是錯誤的？

(A) Online = 電子商務

(B) Offline = 實體商務

(C) 購物情境屬於精神滿足

(D) 電子商務偏向精神滿足

（　）22. 在【案例：Amazon Fresh】單元中，以下哪一個項目是錯誤的？

(A) 無法滿足消費者對生鮮的要求

(B) 是在網路上賣生鮮

(C) 享受免下車提貨服務

(D) 是 O2O 的完美演出

ERP 概論

全球10大企業，8家使用ERP系統

全球獲利前3名企業，都使用ERP系統

軟體整合
系統　→　流程重整
方法　→　企業願景
規劃

⊘ ERP：Enterprise Resource Planning 中文翻譯為「企業資源規劃」。

⊘ 全球前 10 大企業，8 家使用 ERP 系統。

⊘ 全球獲利前 3 名企業，全部使用 ERP 系統。

　○ ERP 是一套整合性資訊系統。

　○ ERP 系統是一種：流程、管理、文化。

　○ ERP 系統是一種：經營方式 A Way To Do Business。

全世界最大、最賺錢的公司全部都使用 ERP 系統，光憑這一點我們就得好好探討一下 ERP 這個東西了！

✕ 企業資源

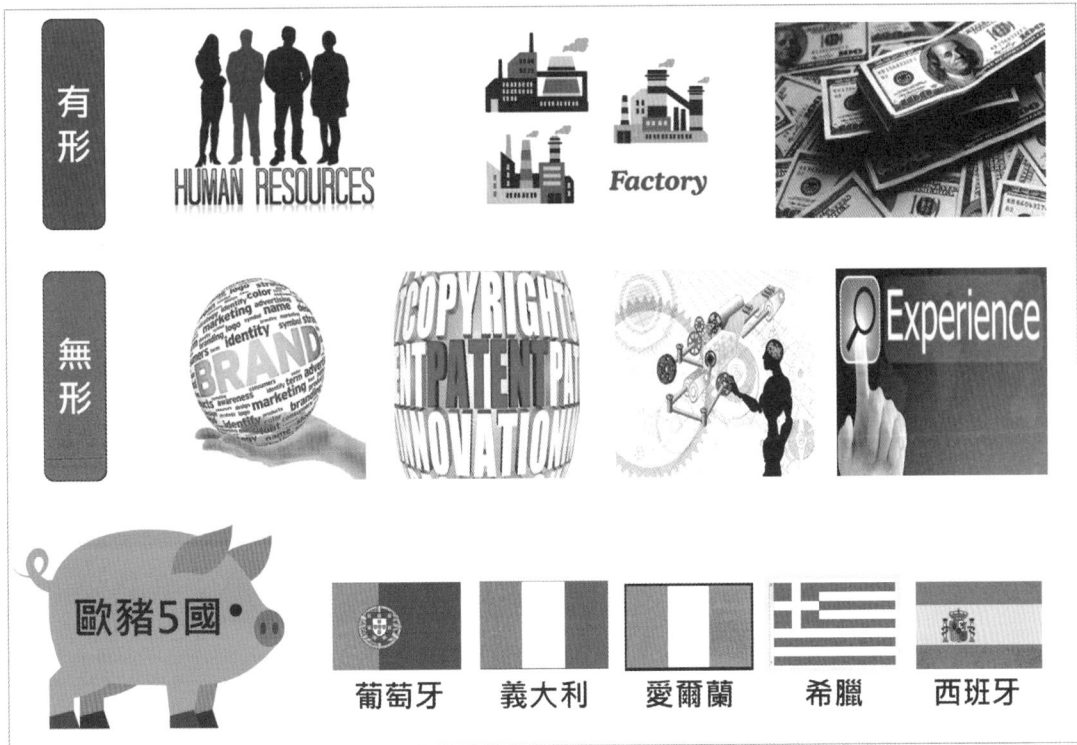

> 有形的資源：人力（員工）、物力（廠房、設備）、財力（資金）

> 無形的資源：品牌、專利、技術、經驗、企業文化、…

多數人在評估組織競爭力時，多半將焦點專注於「資源」的多寡，例如：前幾年興起的「金磚四國」熱，膚淺的將「人口、土地、礦產、農產」等有形資源做為評估國力與發展的因子，一場金融風暴下來，金磚四國馬上變成「破瓦四國」，原本最為富裕的歐洲，居然產出了「歐豬五國 PIIGS」：

葡萄牙	義大利	愛爾蘭	希臘	西班牙
Portugal	Italy	Ireland	Greece	Spain

可見擁有資源，充其量不過就是個「富二代」。

近年最大行銷騙局

2001 年，美國高盛公司首席經濟師吉姆·奧尼爾首次提出「金磚四國」這一概念，來自這四個國家的英文國名開頭字母所組成的詞 BRIC，指巴西（Brazil）、俄羅斯（Russia）、印度（India）和中國（China），其發音同英文的「磚塊」（brick）一詞。

2003 年，奧尼爾在一份題為《與「金磚四國」一起夢想》的研究報告中預測，由於這 4 個國家擁有極為豐富的：天然物資、人口、土地，到 2050 年，世界經濟格局將重新洗牌，「金磚四國」將超越包括英國、法國、義大利、冰島、德國在內的西方已開發國家，與美國、日本一起躋身全球新的六大經濟體。高盛這份報告出台後，中國、印度、俄羅斯和巴西作為新興市場國家的領頭羊，受到世界廣泛關注，「金磚四國」這一概念由此風靡全球。

事後證明，高盛的研究報告只是一份行銷計畫書，四國未能成為金磚，豐富的天然資源當然不是國家發展的保證，說穿了，這就是是華爾街利用世人盲目崇拜資源的心理，所設計的一次完美騙局。

資源規劃

讓資源發揮最大效益的機制

資源是「死」的，必須有一個機制，能讓所有資源被「活化」、各盡其用，並發揮最大效益，這個機制就是資源規劃。

案例：林來瘋（Linsanity）

華裔籃球明星林書豪一開始進入 NBA 並不順利，三次被下放至板凳區。2011年遭勇士和休士頓火箭釋出後加入紐約尼克也是板凳區的候補球員，2012年2月在尼克隊主力戰將多數因傷退賽，林書豪獲得機會帶領尼克隊板凳球員打出了連勝的佳績，更幫助尼克隊進入季後賽，也引起全世界的注意，創造出廣為人知的名詞「林來瘋」（Linsanity）。

林書豪身高、體型、體能都非上選，但他改變了球隊的運作模式，以團隊助攻取代個人明星秀，活化了整個球隊運作，就這樣：球傳過來、球傳過去、然後就進了！林來瘋的精神在於團隊合作，扮演的是團隊間的穿針引線。

破銅爛鐵：新加坡

| 面積：新北市 1/3 | 人口：約500萬人 |

相對於「金磚四國」，新加坡土地面積只有新北市 1/3、人口只有 500 萬的小島，是個幾乎沒有「資源」的國家，甚至連水都必須向「馬來西亞」購買，以世人的觀點，新加坡簡直是貧戶中的貧戶。

由於缺乏資源→發展觀光、金融、運籌產業

在 40 年前當筆者還是小孩的時候，新加坡就以全世界最乾淨的城市聞名於世，新加坡更是所有前往東南亞旅遊的首選，為了維護市容整潔，連吃口香糖都被禁止。

1990 年台灣政府高喊成立亞太金融中心、亞太運籌中心，幾十年過去了，外商紛紛將亞洲總部由台灣轉移到新加坡，現在又再度喊出「航空城」，所有政客們卻藉著政策炒作土地，口號治國！

新加坡：移民第一選擇

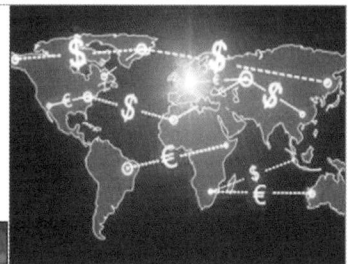

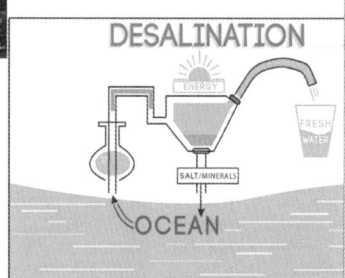

⊘ 為了引進外資→因此厲行法治

有一名美國小孩到新加坡旅行，在大街的牆上亂塗鴉，由於違反當地法律，被逮捕判決鞭刑，小孩的父母立即請求美國總統柯林頓營救自己的小孩，柯林頓總統寫了一封信斥責新加坡鞭刑的野蠻，並要求釋放美國小孩，新加坡總理李光耀悍然回覆：「請勿干預新加坡內政！」，這種捍衛國格、維護法律的硬頸精神是我們政府該好好學習的！

⊘ 因為缺乏水源→因此開發海水淡化技術

2012 年 7 月 7 日澎湖博弈公投「通過」了！但馬祖有能力、條件建設觀光賭場、飯店、休閒渡假村嗎？大量觀光客需要大量的淡水，澎湖有生產大量淡水的基礎設施嗎？這時候，我們是不是得向新加坡、以色列購買海水淡化技術。

討論：肥貓公務員

在新加坡公務員是一個讓人尊敬的職業，在台灣公務員是讓人視為肥貓的既得利益團體，但實際上，新加坡的公務員薪資遠高於台灣公務人員，新加坡總理敢在國會中大聲捍衛公務員的高薪合理化（一流人才一流薪資），台灣政府卻帶頭說公立學校退休教師是肥貓。

新加坡是亞洲最清廉、最有效率的國家，為什麼？因為公務體系健全，一流薪資招募一流人才，生活有國家充分的保障，人人珍惜自己的工作，因此貪污自然少，反觀亞洲其他國家，只有三流人才才會進入公務體系！為什麼？因為人人想著「鐵」飯碗，沒有理想、沒有熱情當然是三流人才？看看政府官員在立法院接受「民意」監督的軟骨症，唯唯諾諾的，不敢也沒能力為政策辯護，這些人就是以香蕉請來的猴子！

專利權的迷失？

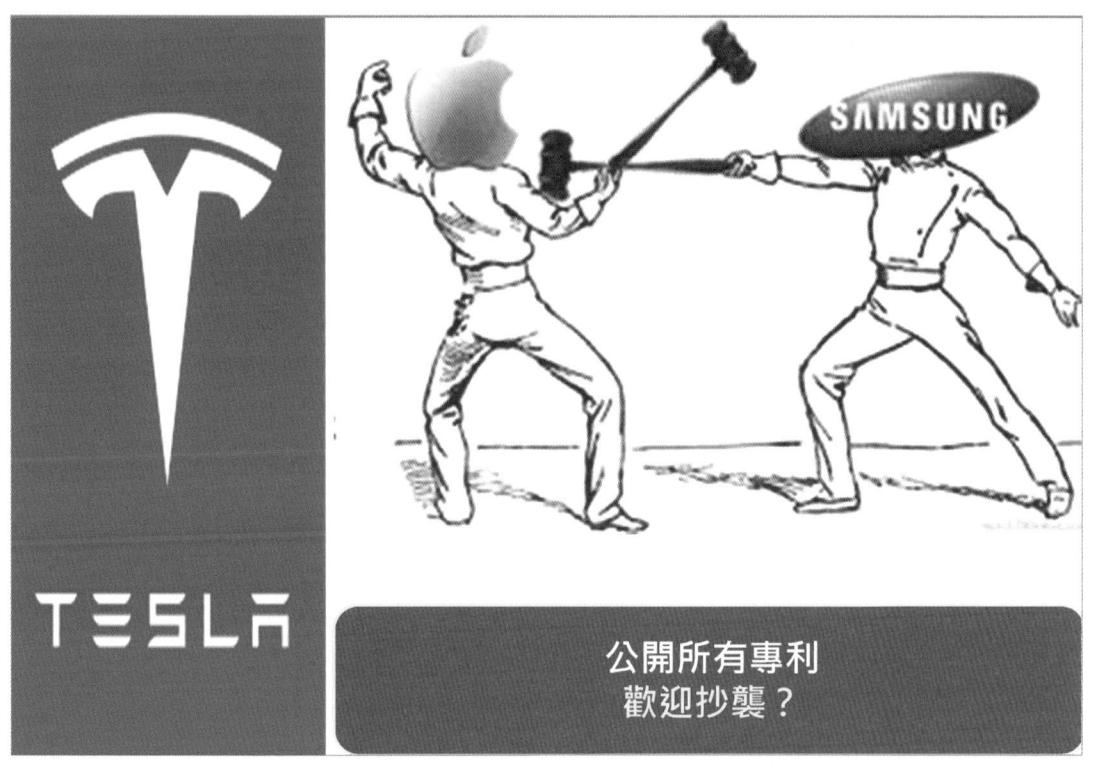

公開所有專利
歡迎抄襲？

【專利】是多數科技創新公司對抗競爭對手所築起的護城河，藉由專利法令保護，可達到以下功效：

◎ 消極面：防止競爭對手仿製商品、惡意競爭。

◎ 積極面：技術領先→品牌增值、憑藉專利授權獲取營收。

因此專利是企業的重要資源，全球產業龍頭企業莫不投入大筆資金從事技術研發，例如：手機界的蘋果、三星，以專利技術起訴對手，限制對手商品進入市場的戲碼天天上演。

 2014 年 Tesla 執行長 Elon Musk 宣布特斯拉開放所有專利給外部使用。

Tesla 佛心來著？當然不是！ Elon Musk 著眼的是整個電動車產業的發展，透過專利分享，讓競爭對手加快進入產業的速度，共同把產業的餅做大，Tesla作為產業的領導者，對於技術領先與持續的研發能量充滿信心，因此開放專利技術給同業是一種雙贏的高明策略！

組織架構與分工

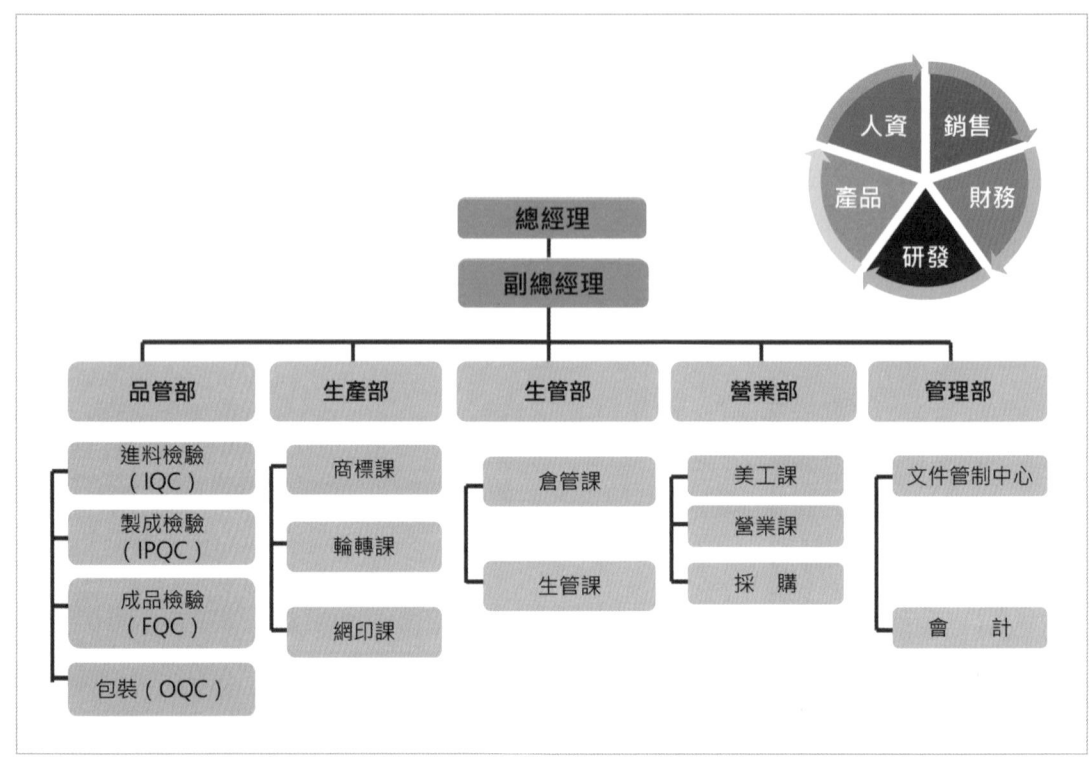

企業是一個組織，由許多個部門組成，每一個部門由許多人組成：

跨部門分工與整合：

- 部門分工：明確定義各部門的功能、職權。

- 部門整合：明確定義跨部門作業流程的權責與配合。

在利潤中心的制度下，業績歸屬成為每一員工的薪資基準、每一個部門的績效基準，因此人與人競爭、部門與部門競爭，從樂觀面來看→競爭產生進步，從悲觀面來看→競爭造成互扯後腿，優秀企業與衰敗企業也就由這個點區分出來，優秀的管理制度鼓勵合作，當然必須由實質的薪資、獎懲來引導員工的行為，進而塑造企業的文化。

在前面的雙北分享單車案例中可知，合作並不是人的天性，如果沒有民意的趨使，雙北分享單車的整合是不可能成立的。

跨部門整合範例

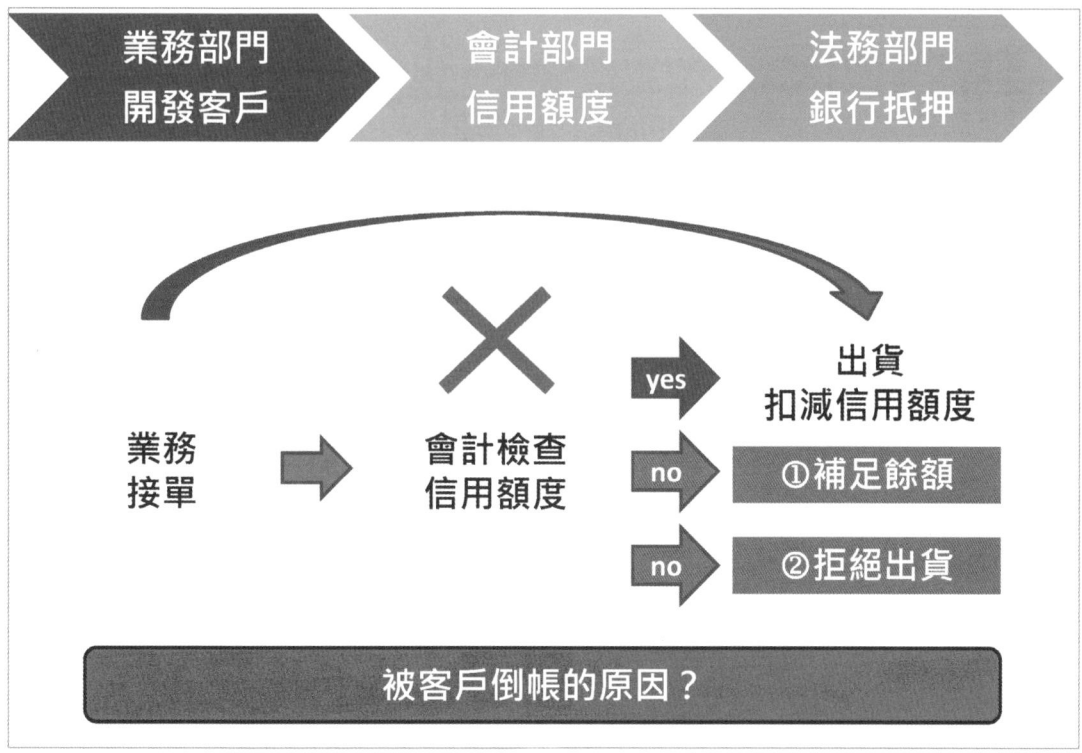

傳統的接單作業是業務員的職責，收款、信用稽核是財務部門的工作，由於各自獨立作業，因此常會發生倒帳的情形：

〉 跨部門整合實際做法：

    A. 平日客戶交易採信用交易，期末結帳

    B. 會計部門建立客戶信用額度資料

    C. 信用額度為客戶的銀行設定抵押金額

    D. 業務人員每次接單前都必須檢查客戶信用餘額

    E. 信用餘額不足→補足餘額，信用餘額不足→拒絕訂單

    F. 每次交易完畢、收到帳款後，會計部門必須立即更新信用餘額。

〉 廠商被倒帳的原因：

    十幾年的老客戶了，不會倒帳啦…

    他看起來很老實，信用應該很好啦…

    景氣不好接單不易，有單不接太可惜…

傳統舊五管

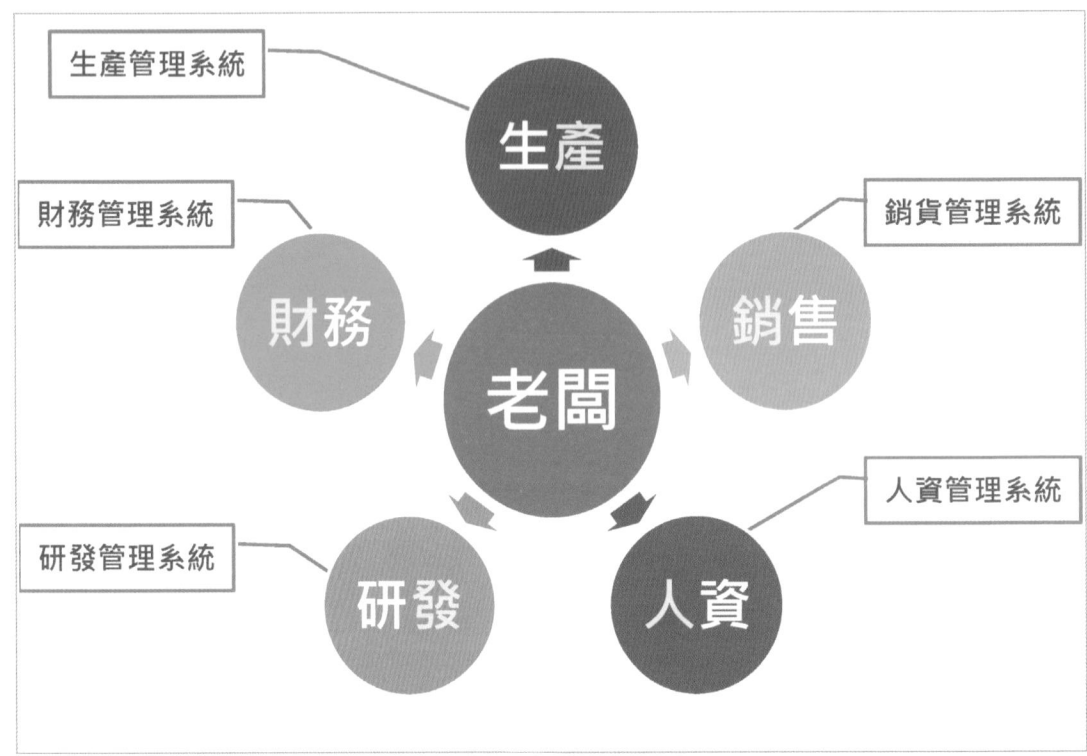

企業組織小的時候，老闆一個人可以號令所有大小事，當企業組織變大了，部門之間的分工與整合也變得複雜了，老闆就必須退出第一線，站在高處指揮公司的發展方向，當老闆的腦袋中無法裝下所有資料、數據時，資訊系統就必須提供企業經營、管理、決策的相關資料。

早期資訊系統的採購、管理、使用都是各部門獨立，這些系統都是根據部門功能去設計與規劃，隨著業務的擴張，這些獨立系統的資料分享與整合變成了大問題，請參考上圖。

企業運作基本模式

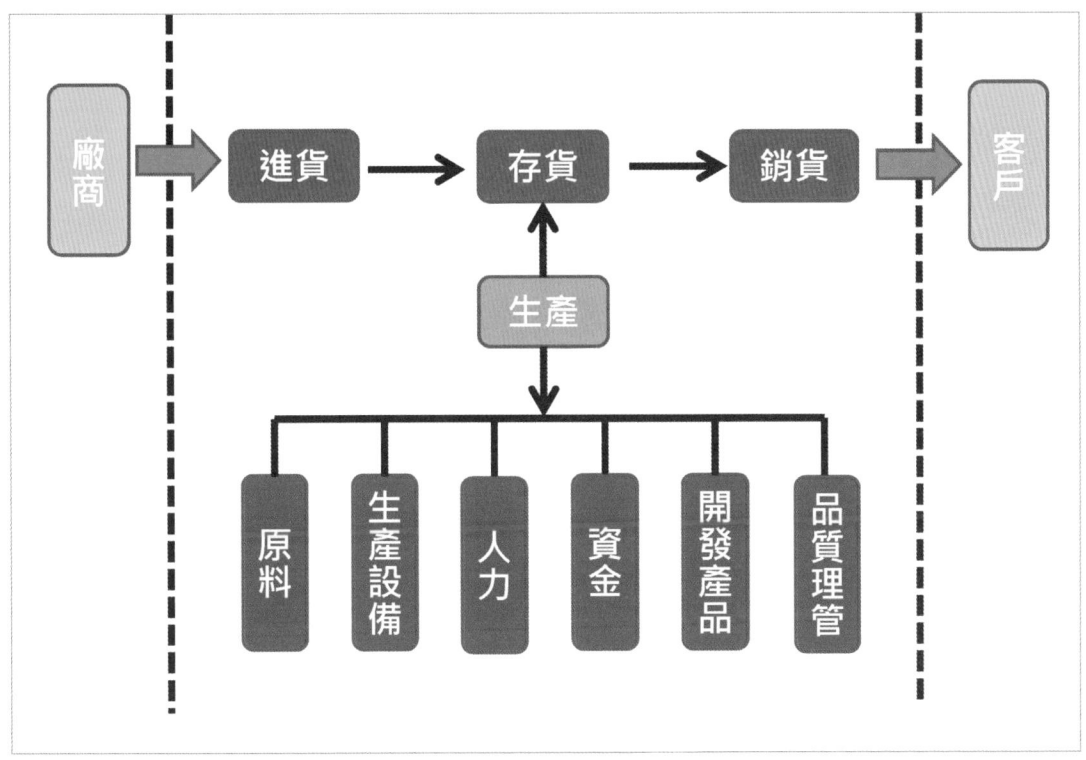

企業基本作業：進貨→存貨→銷貨，進貨的上游就是廠商，銷售的下游就是客戶，所有的零售業都是這個模式。

如果是製造業就會增加一個【生產】作業，牽涉的範圍就非常廣泛了，介紹如下：

- ⊙ 原料：原料價格影響獲利，原料庫存管控影響交期。

- ⊙ 生產設備：影響產品品質、成本、交期。

- ⊙ 人力：完善的員工訓練才能確保生產品質與製程精進。

- ⊙ 資金：生產工廠涉及大規模的資金投入與流動，資金控管是生死攸關。

- ⊙ 開發產品：面對激烈市場競爭，研發投入是產品差異化的根本。

- ⊙ 品質管理：品質是產品的核心價值，QC（Quality Control 品質控制）也是工廠管理的基本作業。

簡易的客戶交易流程

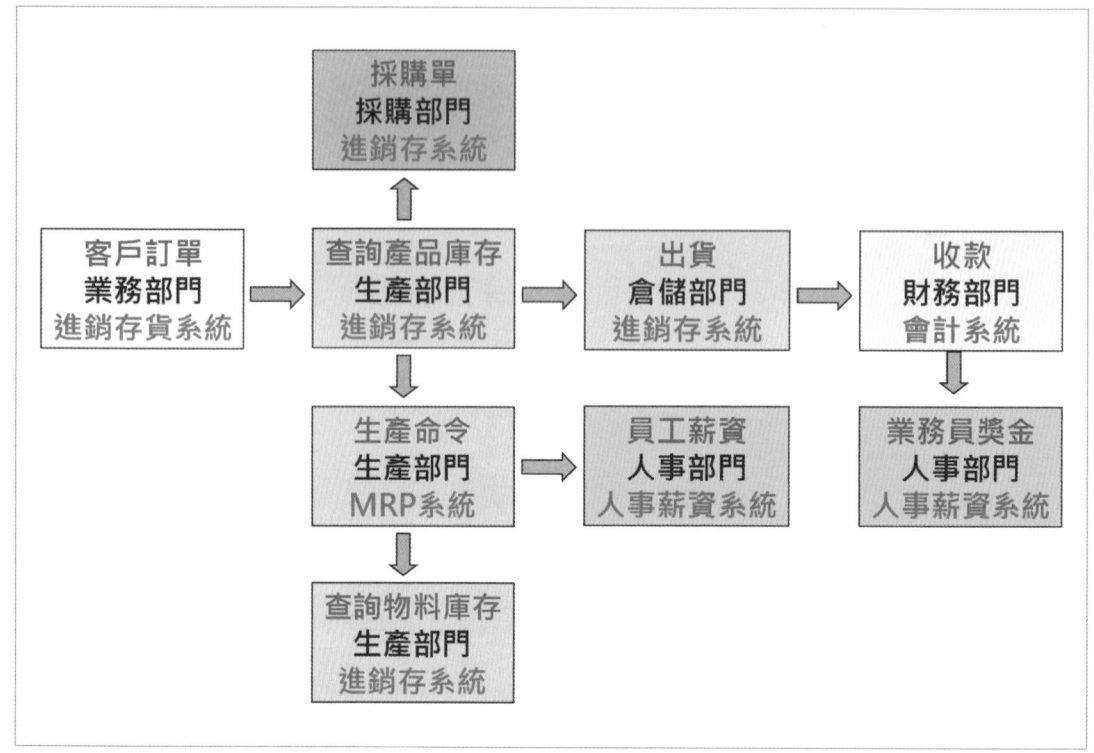

上圖是一個簡易的客戶交易流程，一件交易由開始到結束：

負責的單位包括：業務、生產、倉管、採購、財務、人事部門，使用的軟體包括：進銷存、MRP、會計、人事薪資，部門之間的整合與協調靠著：管理辦法、作業準則、單據憑證，但資訊系統之間的資料如何整合呢？

⊙ 一份交易資料重複輸入「進銷存」、「會計」、「人事薪資」系統中。

⊙ 請一個程式設計師寫一支程式，負責各系統之間的資料轉檔。

這些措施在資訊系統的發展過程中都被使用過，但結果是系統一團亂，各部門資料不一致，因此開會時各部門所提出的業績都不一樣，總經理臉上出現三條線，哪裡出了問題？

客戶資料：地址？

| 辦公地址 | 發票地址 | 送貨地址 |

每一個系統各自獨立，「進銷存」、「會計」、「客戶管理」系統中都有一份客戶資料，由於部門功能不同，管理重點不同，客戶資料表中的欄位不一致：

進銷存系統	會計系統	客戶管理系統
客戶編號	客戶編號	客戶編號
客戶名稱	客戶名稱	客戶名稱
電話	電話	電話
聯絡人	聯絡人	聯絡人
送貨地址	統一編號	信用等級
	信用額度	區域別
	發票地址	辦公室地址

提供軟體的公司不同、各部門資料編碼習慣不同，同一個客戶在 3 個系統中各自編號，因此必須編製一份對照表，當某一個客戶資料異動時，就必須根據對照表，同時更新 3 份資料，除此之外，當客戶資料需要異動更新時：

⊙ 哪一個單位負責更新資料？

⊙ 各系統如何能即時、準確同步更新？

整合的現代五管

那我們能不能開發一套軟體同時提供給所有部門來用呢？ ERP 就是一套提供給企業各部門共同使用的跨部門整合性軟體。

在 ERP 系統中所有部門共用一份資料，因此只會有一份客戶資料表，但編製資料表時，必須整合出所有部門的需求欄位，在系統上線後所有資料、單據都必須規範負責人，沒有作業權限的人是不可編輯、查閱資料的，因此導入ERP 之前、之後，所有部門都必須先做協同作業，整個企業達到車同軌、書同文的狀態，ERP 系統才能發揮效能，否則將會是災難一場。

有了一套跨部門整合性軟體 ERP 之後，所有部門的資料可以共享了，但工作規範、流程、管控的機制卻不是 ERP 軟體所能提供的，因此導入 ERP 系統前必須經過完整的評估，先完成企業內各部門流程整合，設計完整的系統導入計畫，這是一個嚴謹而漫長的過程，絕不是 ERP 軟體廠商聲稱的：藥到病除。

✕ 統一：度量衡

| 張媽媽：1　斤20元 |
| 李媽媽：1　斤25元 |
| 王媽媽：1　斤30元 |

| 張媽媽：1台斤20元 = 40 |
| 李媽媽：1市斤25元 = 32 |
| 王媽媽：1公斤30元 = 30 |

度量衡

要做到企業資源整合，跨部門協同作業，首先必須建立：標準、規範、流程，請看以下案例說明：

張小姐買了1斤番茄20元，李太太也買了1斤番茄25元，趙大嬸也買了1斤番茄30元，趙大嬸知道李太太與張小姐的番茄價格後，很生氣大罵菜販黑心，李太太也不甘心的跟著數落菜販不老實，張小姐卻很白目的將自己買的番茄拿出來炫耀一番，趙大嬸一看到紅紅的番茄，立刻喜出望外的說：「張小姐原來你只買了半斤…？」，瞬間…張小姐的臉就綠綠了…

1 市斤 = 0.5 公斤，1 臺斤 = 0.6 公斤

原來趙大嬸買的番茄最便宜（1 公斤 30 元），在交易市場中若使用「度量單位」不一致，買賣雙方就欠缺誠信基礎，所有偉大的婆婆媽媽上市場買菜時都得自備「秤子」，以防受騙。

秦始皇統一「度量衡」，使得商業交易有共同的度量單位，從此商業交易標榜「童叟無欺」，確立商業信用，大幅降低交易成本。

案例：交易公平

案例：

民國 60 年左右，筆者住在基隆市仁愛市場內，市場入口設置了一個公家的磅秤，因為當時營業的商家都有偷斤減兩的習慣，為維護交易秩序，因此政府必須提供一個沒有被動過手腳的標準磅秤。那個時代，除了磅秤之外，連計程車的費率表也會被動手腳，因此常常發生消費糾紛，我們今天常有人笑中國人愛作假、愛仿冒，其實以前我們也是一樣的！

現在還是有需多商人貪小便宜，各種不法行為日新月異：仿冒、造假、不實廣告、詐騙、…，充斥在我們的生活中，政府也成立專責單位【行整院公平交易委員會】，負責制定公平交易相關法規，維護市場交易秩序，更設置【消保官】解決一般小民的交易糾紛的申訴案件。

統一：語言

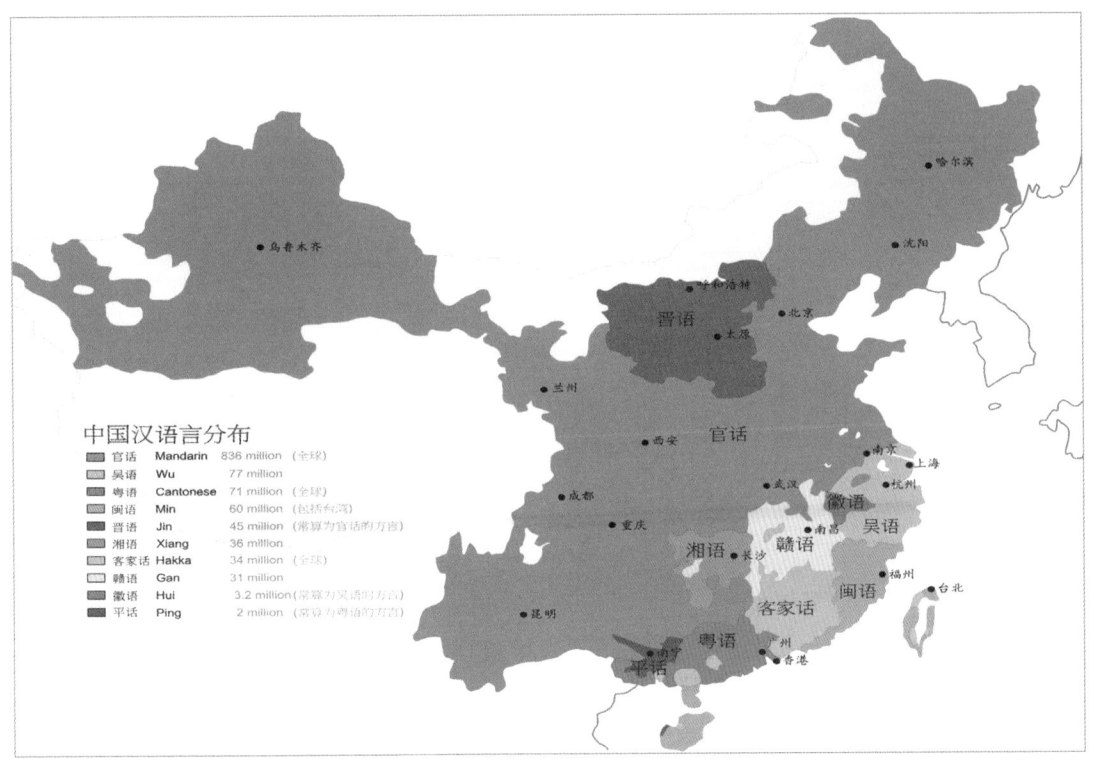

> 台灣南北距離只有 400 公里，東西寬度不到 150 公里，使用的主要語言卻有：國語、台語、客語，北部台語與南部台語也有差異，雖然經過政府努力推動國語幾十年，不會說台語的業務人員到中、南部還是很難生存的。

> 中國地廣人稠有 34 個省 14 億人，使用的方言超過幾百種，翻過一個山頭，就使用不同的語言，例如：看港劇時若以廣東話發音不看字幕的情況下，根本就「不識聽、不識講」，看大陸劇時，演到上海灘的百樂門，每一個女明星都妖艷動人，但一開口上海話，除了猜出「阿拉」是「我」之外，其餘的全部是鴨子聽打雷。

毛澤東統一「語言」，推行普通話，現在在中國經商、旅遊只要會一種普通話就可以暢行無阻，對於民族融合、文化交流、商業溝通都產生極大的貢獻。

統一：貨幣

歐洲面積 1,016 萬平方公里，現有 43 個獨立國家，人口 7 億，是人口最密集的大洲，以前到歐洲旅遊時，在法國使用「法郎」，到了義大利必須換「里拉」，到了德國又得拿「馬克」，光是一趟西歐之旅就橫跨 7 個國家必須準備 7 種貨幣，只要是貨幣兌換就會產生買賣匯差的損失，兌換的種類越多、越頻繁、匯損就越嚴重，歐洲由於國家太多，因此相對不利於國際間商業交易。

歐元的整合代表每一個國家要放棄自己原有的貨幣，所有歐盟國家必須協調出各國對歐元的匯率，決定之後，所有國家的商品價格、個人薪資、…，所有以貨幣計價的東西都必須重新計價，這是多麼浩大的一件工程，但是完成整合後，歐洲人進行跨國交易時就不必做匯率換算，更不用承擔匯率風險，歐洲以外的人到歐洲旅遊的意願提高了，企業到歐洲投資的成本降低了，自然意願也會大幅提升。

全球貿易也有相同的問題，因此有了國際共通貨幣，演進如下：

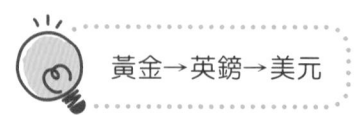

黃金→英鎊→美元

案例：歐盟統一亂象

歐洲經濟體整合對整體歐洲而言是絕對利大於弊，但整合後的資源分配，對於不同國家的影響卻是天壤之別，因為各國經濟體質、工業水平、教育文化都有很大差異，例如：歐盟成立後德國的經濟達到巔峰，歐豬五國卻瀕臨破產邊緣。

在享受經濟共同體的各項好處時，同時也必須面對共同體內其他國家的競爭，例如：歐盟內每一國家都可以享受區域內免關稅的好處，一家企業若要在歐洲投資，要將企業總部設在德國或希臘呢？由於歐盟各會員國必須受到歐盟法規的規範，例如：所有歐盟會員國所生產的商品必須符合歐盟的環保標準，這對於全人類本是一件好事，但高規格的環保標準意味著高成本與高工藝技術，對於德國、法國等經濟工業大國是好事，但對於希臘等歐豬五國而言卻處於非常不利的競爭地位，因此資源分配的失能是必然的。

英國自古就是世界大國，有著強烈的民族驕傲，因此儘管歐盟提供的整合利益相當誘人，多數人民不願意放棄國家主權，因此於 2016 年 6 月 23 日成功通過「英脫歐公投」。

規格的標準化

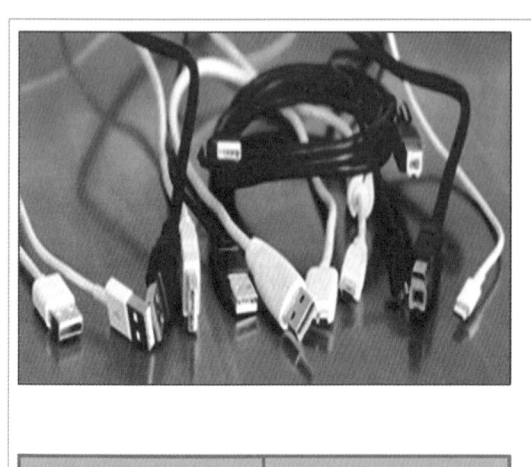

國家	標準	規格〈寬 x 長〉〈 mm 〉
日本	JIS	1100x1100
北美		1016x1219, 1067x1067
台灣	CNS	1100x1100, 1000x1200
新加坡		800x1200, 1000x1200, 1100x1100, :
馬來西亞	MS	800x1200, 1000x1200, 800x1000
泰國	TIS	1100x1100, 1000x1200
大陸	GB	800x1000, 800x1200, 1000x1200
德國	DIN	1000x1200, 800x1200, 1000x1200
歐洲	EN	800x1200

寬度<4呎

寬度8呎

人手一機已經是生活常態，早些年大家卻有手機充電的困擾，因為每一個廠牌手機的充電線接頭都不一樣，甚至同一家廠商出的不同型號手機的接頭也不同，因此外出時手機充電很不方便，近年來由於市場的整合，終於只剩下 Android 的 Type-C 接頭與 Apple 的 Lightning 接頭兩種，歐盟進一步規定所有進入歐盟的手機必須使用 Type-C 充電接頭，也迫使 Apple 同意進行規格變更。

全世界的棧板規格也是亂七八糟，大家都希望整合，但哪一種規格成為主流呢？更沒有哪一種規格希望被淘汰！因此所有人、廠商、國家都知道規格整合的好處，但整合的腳步卻無法邁開，不幸中之大幸，棧板規格的亂中有序：【寬度不得大於 4 呎】，因此貨櫃中可以擺下 2 排的棧板。

貨櫃由於必須被堆疊、被固定在船艙中，因此在規格上被強制統一，只有兩種規格：20 呎、40 呎，也因為統一規格因此貨櫃的搬移、管理效率非常高。

鴻海傳奇

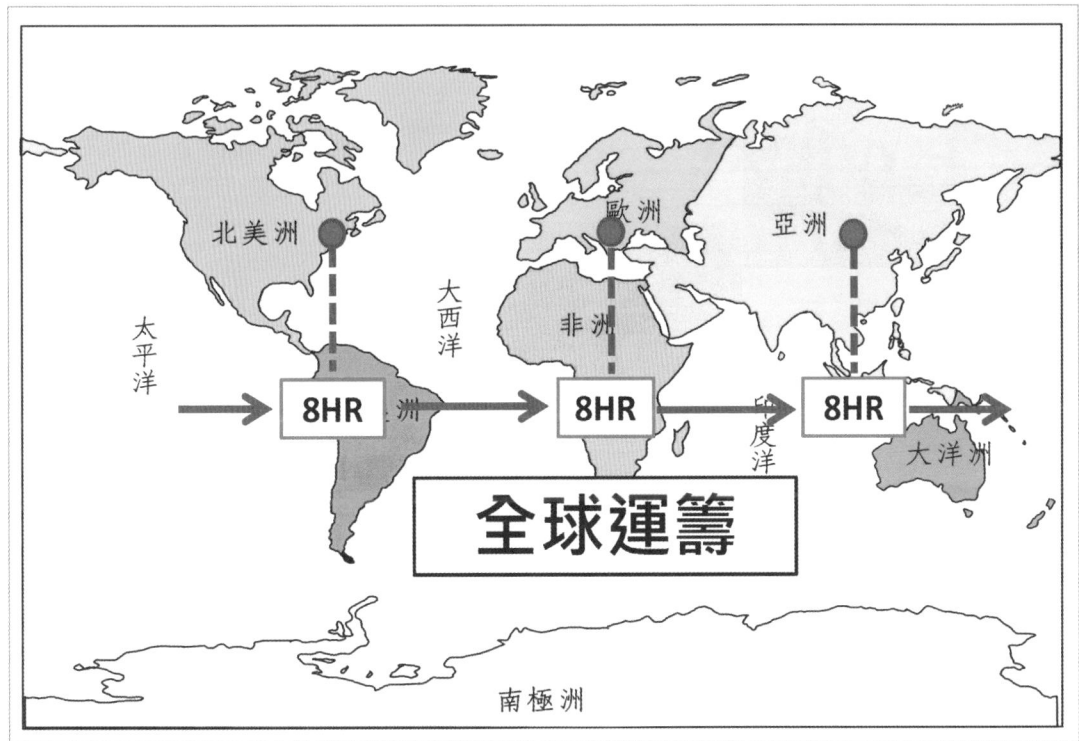

企業組織的發展由小而大，規模小的時候只要一個眼神、默契就可以順利完成所有作業，隨著企業組織不斷的擴張，就必須發展出各種規則、方法、制度來整合協調企業各部門的運作，以鴻海企業為例，企業版圖包括 5 大洲、數十國，幾百萬員工，鴻海之所以能成為全球最大 IT 產品代工廠，完整的全球運籌模式是一個很重要的因素。

假設有一個產品設計案，一般公司標準設計時間是 3 天，因此接案時只能承諾在 3 天後交件，但在鴻海企業全球運籌架構下，世界五大洲都有研發部門，當鴻海接到一個新產品開發案時，由美洲的研發團隊當第一棒設計 8 小時，下班前將整個案子交棒到歐洲研發團隊，歐洲研發團隊接續 8 小時，下班前再將案子交棒至亞洲研發團隊，以接力方式完成設計工作，因此一般公司需要 3 天的設計案，在鴻海只需要一天，因此競爭力遠遠超過同業。

鴻海企業的全球運籌玩的是「接力賽跑」，除了團隊默契，還必須克服：語言、文化、各國法令差異的問題。

⤬ 整合：語言、編號、單據、流程

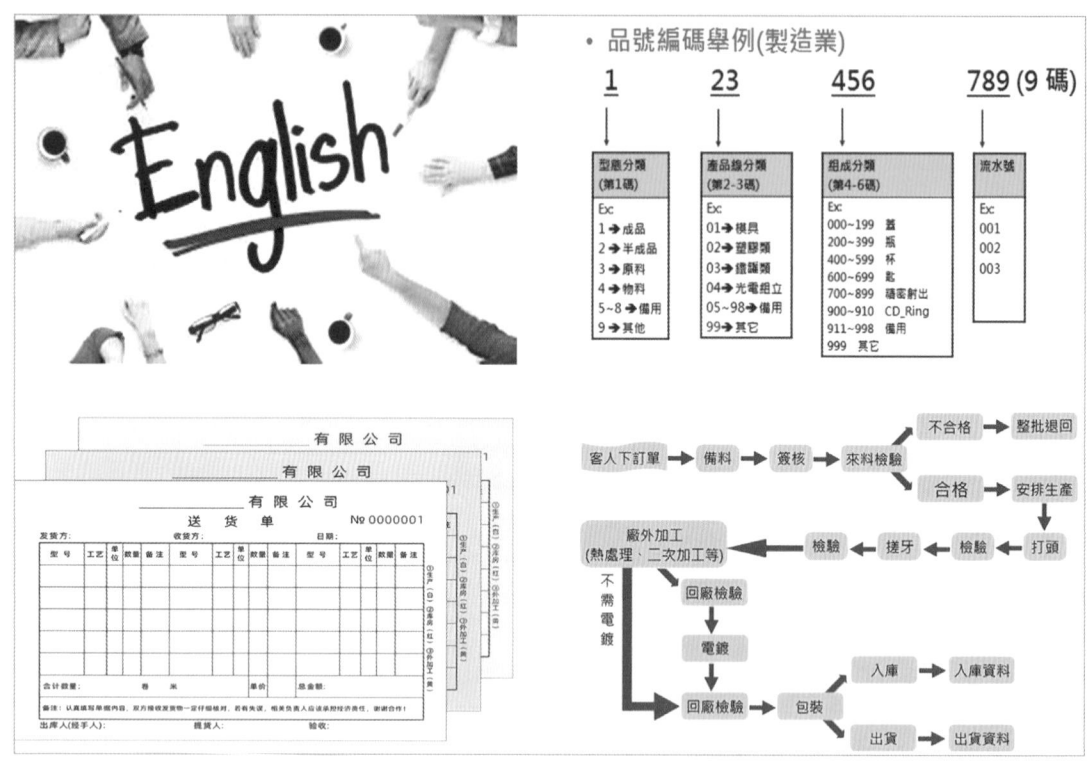

連鎖經營是目前非常成的一種零售模式，其創新的程序如下：

創新提案	商品採購、門市擺設、人員培訓、行銷推廣、…
試營運	選擇代表性少數店面做為實驗店，根據客戶回饋不斷優化創新模式。
全線實施	將試營運完成的優化創新模式推廣至所有門市。

一次的創新成本，所有分店共享成果，前提是所有分店的：作業方式、商品陳列、售價、進貨、庫存、…，都必須是一致的，而這些基本作業的整合更源自於：語言、編號、單據、作業流程的標準化。

試想，兩個同事、兩個部門、兩個分公司採用不同語言，講話要透過翻譯，使用不同編號，商品庫存無法對照，採用不同單據，業績無法加總，採用不同作業流程，人力資源無法共用，那企業有何效益可言！

整合：國際化會計準則

公司規模小的時候，老闆腦袋中那一本帳本比誰都清楚，決策根本不需要財務報表，因此公司的會計帳就是應付稅務機關，以逃稅、節稅為最高原則，當公司規模變大了，老闆無法事必躬親了，這時會計作帳如果不遵守 GAAP（一般公認會計準則），錯誤的財務報表將嚴重誤導公司決策。

全球化企業的優勢在於：1+1 > 2，全球接單、全球採購、全球製造，但要打團體戰必須仰賴【全球資訊系統】，舉例如下：

⊙ 商品庫存增加→壓低商品報價

⊙ 產能利用率高→增加代工報價

⊙ 北美生產成本高→轉移生產至南美

這一切的財務決策都必須在資訊系統上作跨國整合，因此必須遵守 IFRS（國際財務報表準則），讓企業內所有決策者掌握即時資訊，才能決勝於千里之外，企業外投資者作為投資風險的評估依據。

✖ ERP：財務導向的資訊系統

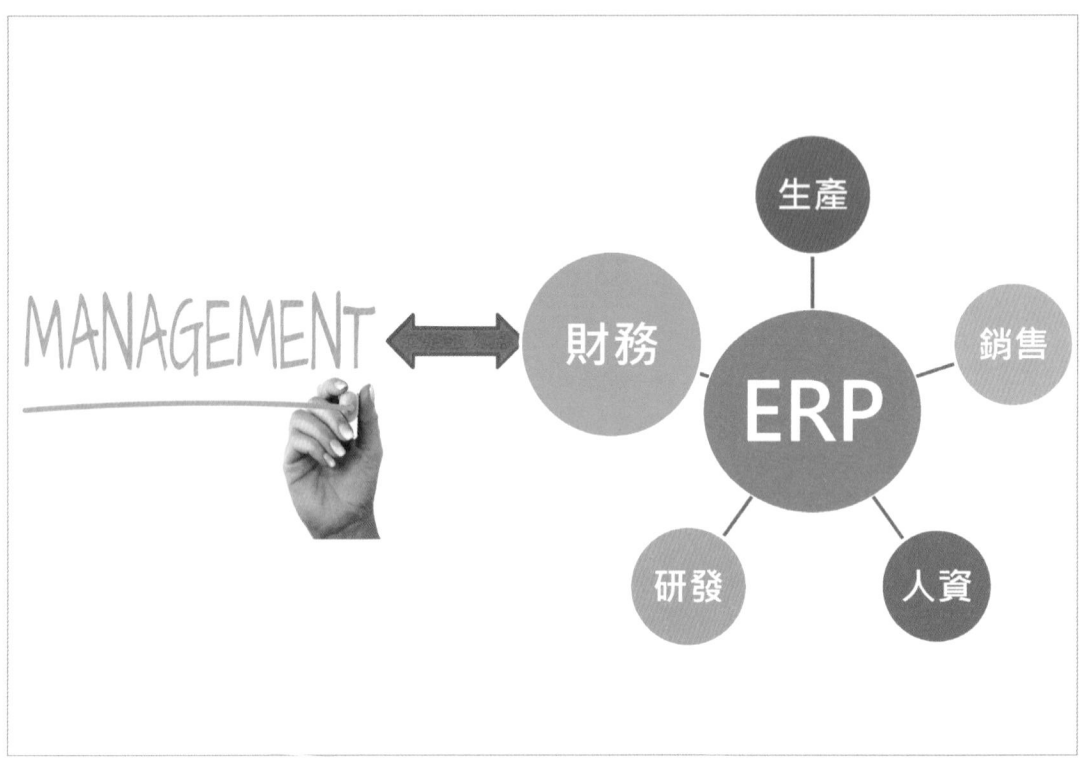

ERP 是一套整合性的資訊系統，將企業各部門：生產、銷售、人資、研發、財務，全部整合為一個單一系統：共享資料庫、流程整合。

由於企業經營成果是透過財務報表來表達，因此整個系統必須符合：會計準則、財務規範，所有資料最後也都必須流向會計部門，因此有些人認為 ERP 是一個【財務導向的資訊統】，這種說法也沒有錯。

企業就是一個營利單位，管理、決策都需要明確的財務資訊作為依據，對政府稅捐機關定期繳交財務報表更是所有企業必須遵循的基本作業，因此所有部門的資料最轉化為財務資訊是必然的結果！

✕ 實例：客戶資料整合

資料整合是 ERP 系統最核心的作業，我們就以大家最熟悉的客戶資料為例，說明所有部門整合後客戶資料的完整面貌，上面就是鼎新資訊公司 Workflow 系統客戶資料畫面。

到底有多少單位需要客戶資料呢？資料的名稱、規格一致嗎？請看以下分析：

⊙ 業務部門肯定是第一個擁有客戶資料的單位，但他可能只需要：地址、電話、聯絡人、統一編號。

⊙ 隨後會計部門根據交易需求，需要客戶的資料：發票地址、銀行帳號、信用評等、…。

⊙ 確定出貨後，倉儲配送部門也需要客戶資料：送貨聯絡人、送貨地址、聯絡電話、…。

以上隨便舉例就有 3 個單位需要客戶資料，請看下一頁：

各部門所需客戶資料

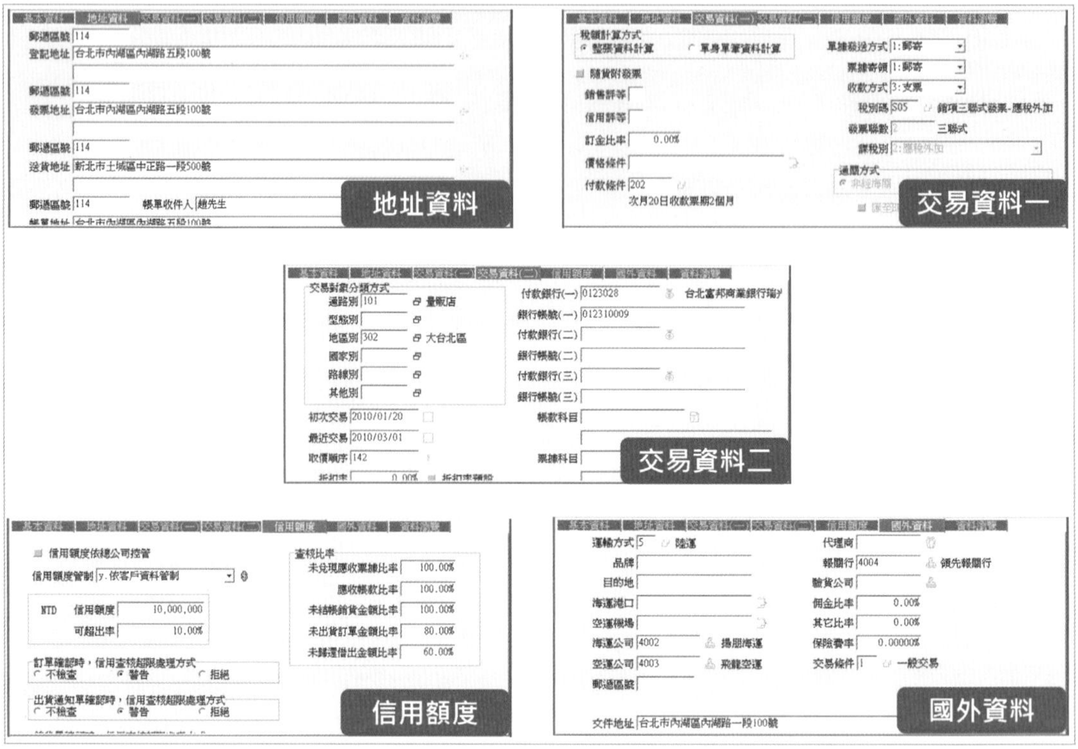

地址資料

交易資料一

交易資料二

信用額度

國外資料

由上圖可知，光是地址就有 4 個：登記、發票、送貨、帳單，分屬於不同單位，因此系統開發時就必須邀集所有相關單位，提出自己的需求，最後由資訊單位彙整後制定資料規格。

以下是一些規劃、整合的實例：

- 客戶編號：6 碼→ A-12345
  第 1 碼：地區碼、英文字母 A-Z、分別代表不同地區
  第 2 ～ 6 碼：流水號，預計個地區客戶總數不超過 99,999
  權責單位：會計部門

- 地址資料：登記、發票、送貨、帳單
  權責單位：會計、物流

- 國外資料：海運公司、空運公司、保險費率、交易條件
  權責單位：業務部門

✖️ SOP 標準作業流程

SOP（Standard Operation Procedure）中文翻譯為「標準作業程序」，就是將某一事件的標準操作步驟和要求，以統一的格式描述出來，用來指導和規範日常的工作。

工業革命讓生產力大幅提升的主要原因：以機械生產取代人力生產，但機器生產就必須讓產品規格化、流程標準化，如此才能產生量產效益，透過標準化才能稽核生產效率，並進一步優化作業流程。

標準化是一種長期經驗的積累，一件新的事物經過許多人、許多次反覆不斷的實作，就會產生不斷的進步、提升效率，少數人專研創新，提供多數人遵循的標準，這就是 SOP 最大的效益。

SOP 找零錢範例

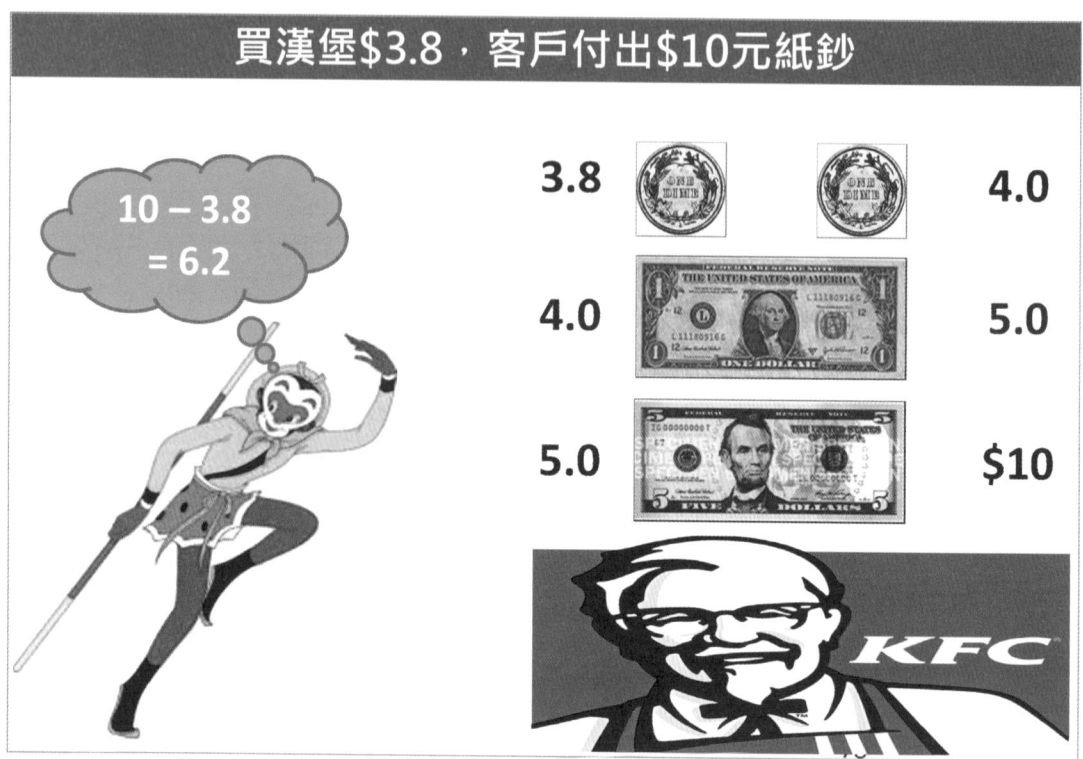

買漢堡$3.8，客戶付出$10元紙鈔

我們用一個實際的案例來說明標準化的好處：

我年輕時到美國修碩士學位，第一次到肯德基買炸雞，發現「美國人好笨喔！」，他們「收錢／找錢」的動作就像小學生一樣，是沒有學過數學的：

購物總金額 3.8 元，客戶付出 10 元紙鈔	
老中：心算找錢法	老外：傻瓜找錢法
1. 售貨員心算應找零 6.2 元	1. 售貨員以 3.8 元開始算
2. 直接拿 6.2 元交給客戶	2. 拿出 1 角硬幣往上加＝ 3.9
3. 客戶也以心算核對零錢	3. 拿出 1 角硬幣往上加＝ 4.0
	4. 拿出 1 元紙鈔往上加＝ 5
	5. 拿出 5 元紙鈔往上加＝ 10

哪一種方法比較聰明呢？

聰明與笨蛋

前面筆者的論述有 2 個問題：

- 我人在美國留學，我這個亞洲人才是「老外」。
- 如果「老外」很笨，為何亞洲人都一窩蜂地到美國留學？

小時候上歷史課，讀到滿清末年的義和團，認為老佛爺真是無知：「居然相信刀槍不入神話」，看不起「傻瓜找錢法」的我，不也是沉浸在填鴨式教育的現代老佛爺嗎？

如果連最基本的「找零錢」都不如我們，美國會成為世界第一強權嗎？看似笨拙的「傻瓜找錢法」內含「標準流程」的大智慧，解析如下：

心算找錢法	傻瓜找錢法
售貨員的心算能力，不易標準化	不論售貨員素質如何
顧客的心算能力，更不易標準化	以機械式運算法找錢
結果：服務品質差異大，錯誤率高	結果：服務品質差異小，錯誤率低

喜憨兒的培訓

身、心障礙不會造成社會的負擔

僵化的思想才是社會的不幸！

傳統思維中，家有喜憨兒是全家、社會的不幸，他們是社會的負擔，不僅沒有生產力，還得浪費人力去照顧他們，不管願意與否，他們都來到人世間了…。再次引述鴻海郭董的名言：「失敗的人找藉口，成功的人找方法」。

透過熱心人士長期的努力奉獻，喜憨兒已經能夠從事：加油、洗車、做麵包、家居清潔、…等工作。喜憨兒四肢健全，只是心智發展上比較遲緩，他們不是沒有工作能力，只要工作內容經過適當設計，他們也是可以勝任，甚至在某些場域中，工作績效甚至高於一般人。現在訓練喜憨兒的方式，就是以標準作業流程方法，將每一個工作作細部流程拆解，每一位喜憨兒都只負責一個簡單動作，再由數個喜憨兒組成一個完整的流程，由於喜憨兒比一般人更能專注工作，並對重複性單調工作接受度較高，因此在標準流程的協助下，對社會產生的貢獻度是與日俱增的。

筆者年輕時曾在某汽車公司擔任電腦課課長，有一位同仁是身障者，他卻比其他同仁更專注於工作，看看社會上身障者在某些場域中都有極傑出的表現：鐘錶修理、按摩、雕刻、程式設計、…。

公共安全 SOP

錢櫃 KTV 林森旗艦店 2020 年 4 月 26 日上午突然竄出陣陣濃煙,但所有消防安全設備完全沒有啟動,導致店內員工、消費者約 300 人渾然不知,火勢雖然在半小時內就被消防隊撲滅,但最終仍釀成 5 死 1 命危的慘劇。

當消防人員重回火場蒐證時,發現整棟大樓 5 大消防安全設備都被關閉,檢警漏夜偵訊也查出該店疑因電梯施工,從 2 月起便關閉消防系統,讓員工及消費者暴露於風險中長達 2 個月,有重大疏失,將依法究辦!

以上的人禍慘案是由於民眾長期漠視公安 SOP 的造成的:

⊙ 若要關閉消防設施,當然得停止營業。

⊙ 業者放任施工包商為所欲為。

【貪圖方便】、【僥倖心理】是造成公安事故最主要的原因,為了不影響業績,為了施工方便,罔顧人命,平日的公安檢查形同虛設。

校園疫情 SOP

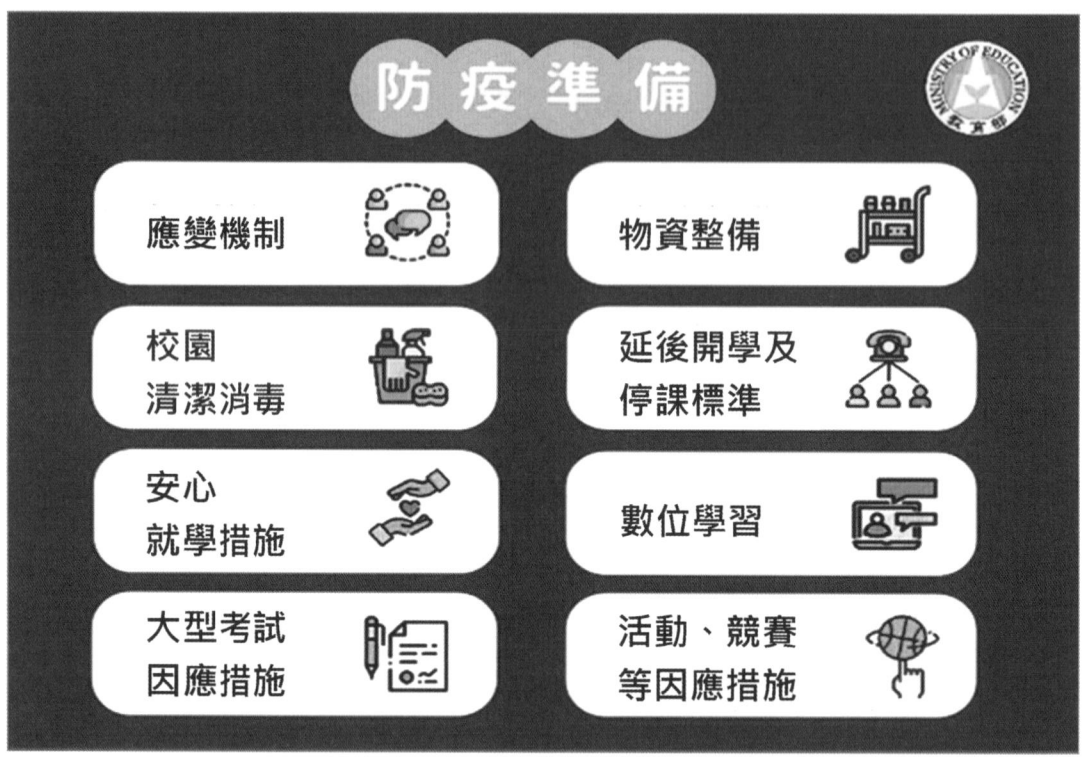

2020 年新冠疫情席捲全球，學校是一個最大的群聚環境，為避免群聚感染、社區擴散，各單位提出一系列辦法：

教育部	校園因應「嚴重特殊傳染性肺炎」疫情停課標準
各地政府	校園場地暫停開放辦法
各校	學生自主管理、體溫量測、校園消毒、個人消毒、遠距學習、避免群體活動辦法、…。

有了校園防疫 SOP，每一個單位、每一個人的行為都有遵循的依據，平時大家不習慣戴口罩，但有了防疫 SOP，人人遵守互相督促，大幅降低社會恐慌，更讓疫情得到良好的控制，這有賴於成功的公民、衛生教育。

⤬ 上下班打卡？

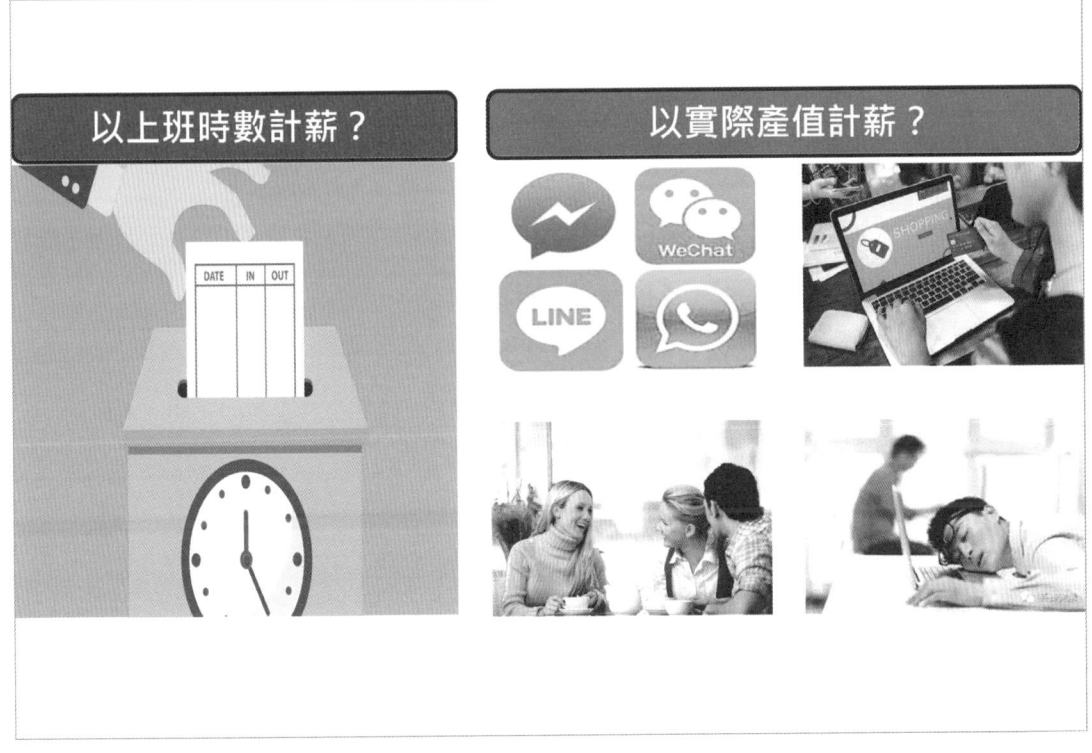

上班領薪水天經地義，老闆付薪水是因為：

A. 你一天工作 8 小時　　B. 你完成任務？

多數的公司員工都需要上、下班打卡，遲到、早退、請事假都必須扣薪水，很顯然的，目前多數公司付員工薪水是因為：A，所以有些公司禁止員工上班使用社群軟體聊天、打屁、偷公司時間，如果你的公司是這一類型的，你盡快離職吧！你的能力是不可能發揮的！

在有管理、有制度的公司中，每一個職位都會有明確的工作職掌、標準作業程序，甚至於為每一個作業訂定標準程序、工時：

⟩ 你要喝咖啡＆聊是非…ok

⟩ 你要親朋好友團購…也 ok

公司付你薪水是根據你的實際產出，不是在公司【耗多久】，期終：員工績效評量→升職加薪，就是憑產出績效，而不是拍馬逢迎、燃燒生命。

標準作業→標準收費

工作項目：
1. xxxxxxxxx
2. xxxxxxxxx
3. xxxxxxxxx

工作項目：
1. xxxxxxxxx
2. xxxxxxxxx
3. xxxxxxxxx

服務項目	小型車	中型車	大型車	一般休旅車	大型休旅車
精緻洗車	200	200	250	300	350
精緻打蠟	800	800	1000	1100	1200
頂級白棕櫚蠟	1200	1400	1600	1700	2000
豪華小美容	3500	4000	4500	5000	7000
極緻大美容	6000	7000	8000	9000	11000
德國奈米鍍膜	3000	3500	4000	4500	5500
奈米星鑽鍍膜	6000	7000	8000	10000	12000
奈米石英鍍膜	8000	10000	12000	14000	16000
杜邦先進科技鍍膜	15000	15000	15000	17000	19000

去汽車廠做：保養、維修、汽車美容時，所有的工作項目都有價格表，根據原廠 SOP 進行，不用討價還價，更不用怕被騙，消費者有信心，業者有信譽。

我們以換輪胎為例，針對以下 4 點對照如下：

路邊維修廠	老闆，你的輪胎【差不多】該換了，… 我們有中古胎、副廠牌輪胎，比較便宜喔！
原廠維修廠	張先生，你的輪胎胎紋剩下不到【0.16cm】，建議更換… 目前公司作促銷，原廠價打 6 折…
安全考量	路邊廠以目測法判定為換輪胎，原廠以胎紋量測器實地測量胎紋，根據安全守則建議更換輪胎，你相信哪一種專業呢？
價格考量	路邊廠以次充好，只是當下讓消費者覺得便宜，中古胎、副廠牌輪胎品質不佳，沒多久又得進廠維修。

Work from home

【主管】要管什麼呢？管人？管事？管績效？什麼都管…，舊時代的確如此，主管就是上帝，掌管每一個下屬的績效評核，因此也接受下屬的年節餽贈，這就是：不文明、不科學、…！新冠疫情肆虐，為避免群聚感染，公、私立機構紛紛喊出：【在家工作】，歐、美、日企業、外商機構大致上沒問題，因為疫情之前這些新進國家的企業都已有【在家工作】的制度規範，而台灣政府、企業也跟著喊，真的？假的？請參考以下 3 項基本要求：

⊙ 每一個工作必須有標準作業程序，每一個程序必須有標準工時，每一個職位必須有明確工作職掌，否則個人工作績效無從稽核、評定。

⊙ 每一個單位內各項工作的銜接、授權必須有明確規範，各單位間協同作業同樣要有明確規範。

⊙ 完整的資訊系統，各級主管可以在電腦上追蹤所有工作的進度、結果，資訊系統必須有嚴密的資訊安全管理，否則商業機密蕩然無存！

案例：豐田汽車「在家工作」

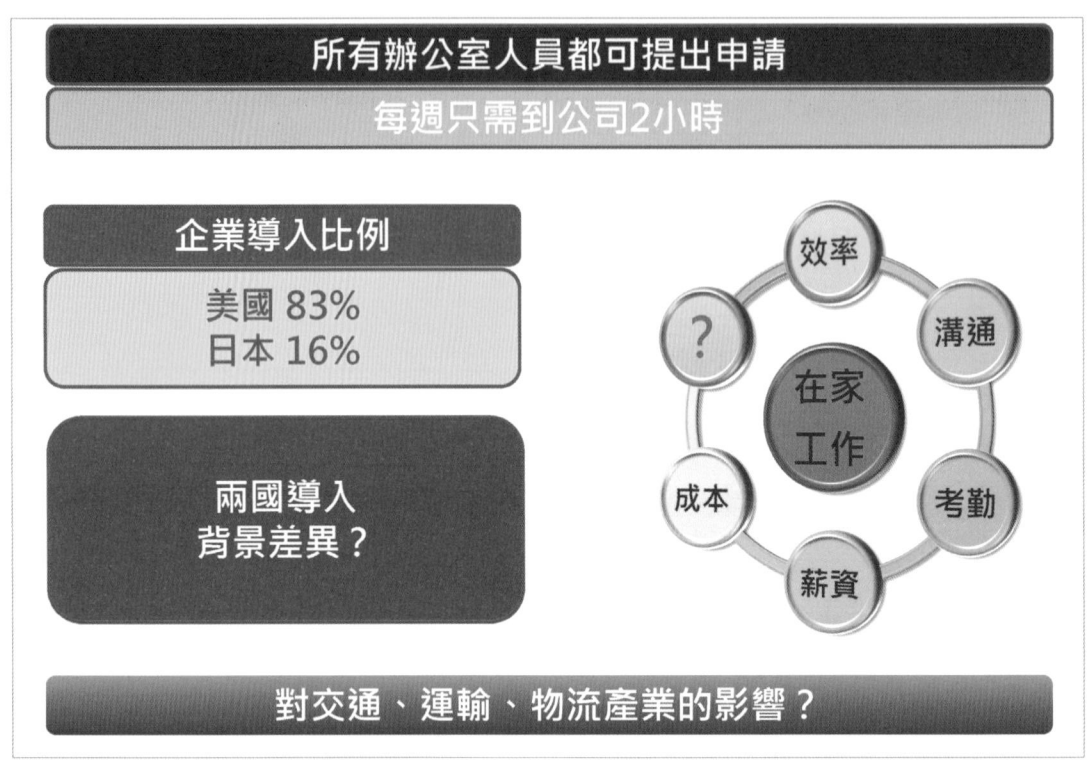

舊式管理強調人際溝通，動不動就開會、討論、報告，因此上班就必須到辦公室，所有人在一起才能辦公，就算是與國外廠商議價、協調也必須搭飛機飛來飛去，一起坐在會議室面對面才能談，真的有其必要嗎？2003 年 Sars 侵襲全球時，有些企業改採視訊會議，有些企業開始實驗員工在家工作，2019 年底 COVID-19 新冠疫情造成全球數百萬人受到感染，數十萬人死亡，美國、歐洲、日本等新進國家企業都大都實施員工在家工作，由此可知，群聚上班並不是必要的！

在家上班將會產生以下影響：

> 員工每天可省下約 2 個小時交通時間

> 企業可節省辦公室租金、水電費、雜費

> 尖峰交通擁塞大幅度緩解

> 員工可以照顧家庭，婦女就職率大幅提高

> 3C 產品、電腦裝備、網路伺服器、雲端服務大賣

> ⋯

❌ 組織精簡與流程再造

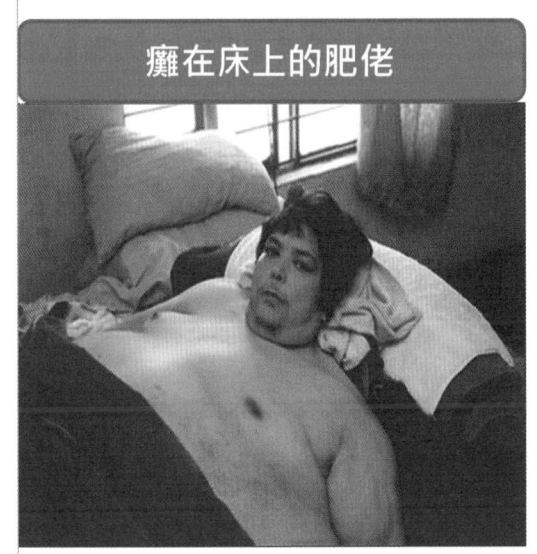
癱在床上的肥佬

戰鬥力強大的巨人

肚子餓了就要吃飯,什麼時間吃?吃什麼?吃多少量?吃飯後另一個問題是,工作量?運動量?休閒?家庭溫暖?這一連串的問號,組合出每一個不同的人生,因此有胖子、瘦子、高個、矮子、…,還有快樂的、憂鬱的、積極的、消極的…。

企業組織呢?業務量增加就聘請員工,聘多少人?薪資多高?納入哪一個部門?有了員工之後,部門如何分工?作業流程如何設計?員工如何訓練?薪資如何調整?這一連串的的問號,組合出每一個不同的企業。

組織變大時,若增加的是肥肉,組織的健康就會惡化,最後被大型的身軀所拖垮,如果增加的是肌肉,那組織的競爭力將會大增,良性循環的業務再增加、組織再變大,台灣是一個以中小企業為主的產業架構,大多數中小企業無法轉型為大型企業,主要原因就在於無法管理龐大的企業組織。

筆者認為,學校教育的僵化(升學至上)、社會價值觀的偏頗(有錢有地位),是今日台灣企業發展的最大瓶頸。

會跳舞的大象

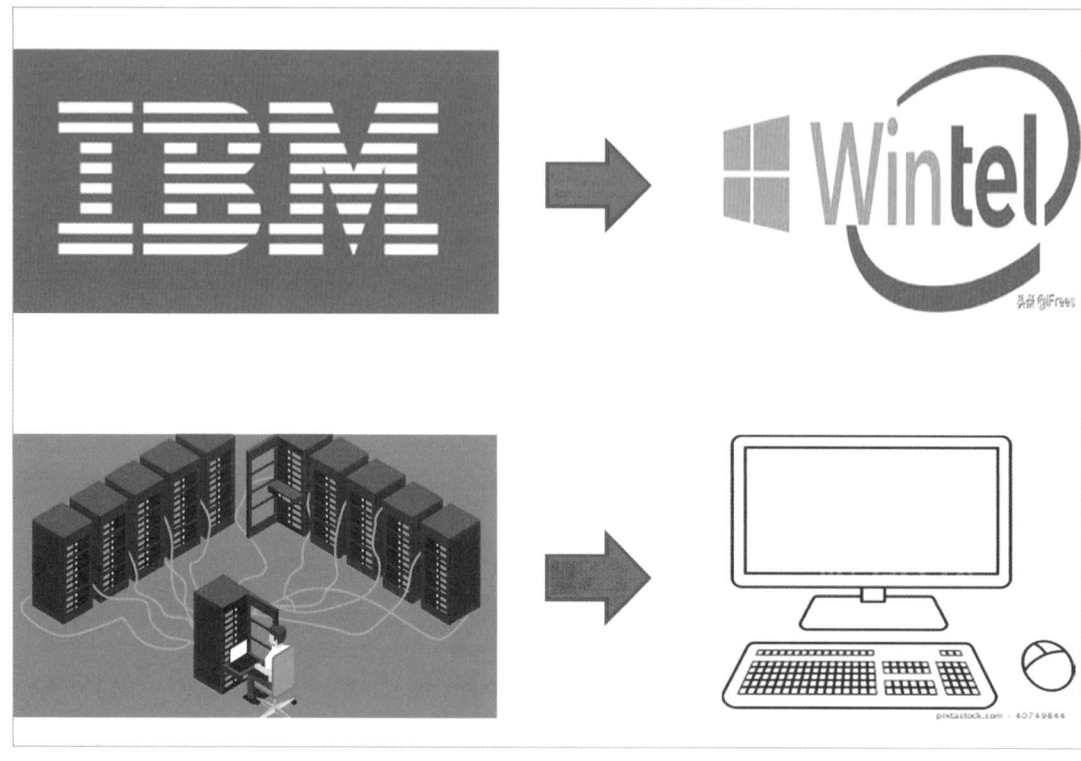

當人們用「大象」兩字來比喻企業時，背後可能代表兩種不同的意義：

- ⊘ 優勢：體積龐大、敦厚、穩重與力大無窮
- ⊘ 劣勢：遲鈍、動作緩慢、不易改變

IBM 在電腦主機時代是全球電腦硬體霸主，由於錯估產業發展趨勢，錯過了個人電腦的時代革命，將市場讓給了 Windows + Intel，公司面臨重大危機，CEO 葛斯納臨危受命，在擔任 IBM 執行長 10 年間（1993 年～ 2002 年），創造了最大的企業轉型：

A. 重新的企業定位　　　B. 組織精簡　　　C. 流程再造

IBM 浴火重生，成就如下：

A. 股票價格漲了 8 倍　　　B. 股票市值增加了 1,800 億美元

葛斯納以企業變革將組織的肥肉、贅肉轉化為肌肉，癡男變猛男，烏鴉變鳳凰。

韓國的大象

1997 年發生亞洲金融風暴，韓國三星集團也遭受重創，面對著充滿風險的亞太市場，以及複雜龐大的公司業務體系，第二代接班人李健熙果決地進行企業組織重整：

精實整併	員工人數由 5.8 萬人裁減為 4.2 萬人，子公司數目由 59 家減少到 45 家。
調整財務體質	總負債金額在 2 年內下降 46%。
非核心業務外包	放棄汽車與核心競爭力無關的產業，從而形成以電子、金融、化工、機械為主的新架構。

美國財富雜誌評選 2001 年全球 500 大企業中，三星電子被排名第 92 位，2012 年三星智慧型手機出貨量超越蘋果，成為全球第一。

討論：派遣人力的優劣？

面對經濟環境的變化，企業必須不斷進行：技術升級、管理革新，員工個人又如何面對因應呢？

企業革新的進化中，【非核心事業】外包已成為一種趨勢，因此臨時派遣人力已逐步取代企業正職人員，對於企業而言，不必背負龐大的員工退休準備金，又可以隨著經濟景氣變化機動調整人力需求，因此所有企業競相仿效，在員工與企業關係逐漸淡化的時代，個人專業能力成為適者生存的主要工具。

歐美國家與亞洲國家對於人力派遣的發展方向卻有很大的差異，舉例如下：

- 亞洲：低薪、替代性高工作，例如：清潔、保全、物流、文書…
- 歐美：高階、專業性工作，例如：系統開發、工程管理、…

在歐美國家，業務擴張時會先考慮以專案的形式進行，缺少的人力以專業約聘（派遣）人員為主，專案結束後簽約人員就自動離職，可以避免組織膨脹的問題，簽約員工的薪資可能是正式員工的 2 倍，靠著專業能力四處征戰，企業和員工都處於雙贏的局面。

❌ 台灣的大象

以現在幾乎人手一支手機為例，包括 Apple 的 iPhone 或是三星除外的 Android 手機，晶片幾乎都是由台積電生產製造，很難想像，沒有台積電，會對民眾的生活造成多大的不便，中美貿易、科技大戰，華為高階手機軟體受制於 Android，硬體受制於台積電無法為華為生產，台積電儼然成為美國制裁中國科技產業發展的利器。

台積電的商業模式是非常卓越的，不走品牌，幫全世界做代工，不與客戶競爭，並和客戶保持夥伴關係，就像創辦人張忠謀過去曾講過的，台積電的成功元素叫做「Trust（信任）」。日前台積電市值飆破 8 兆，首度打敗三星躍升亞洲最有價值公司，並在晶圓代工技術爭霸戰中，以 3 奈米製程稱霸全球。

台灣電子產業經過幾十年的快速成長後，目前面臨成長停滯、毛利下滑的局面，更有人戲稱台灣電子業是：茅山道士→毛利 3 ～ 4%，台積電卻維持 40% 以上的毛利率，在全球的產業競爭中，台積電不斷的投入研發，始終維持技術的領先，因此能維持產品的高毛利。

❌ 蛻變的櫻花

有人說傳統產業毛利低、是夕陽工業,這是以偏概全的說法,我舉櫻花企業為例,它的主要業務是生產製造瓦斯爐、熱水器,我們分三個時期來探討櫻花的企業轉型:

生產製造的櫻花	企業發展初期,行銷訴求為產品性能,但當產品與技術在市場上趨於成熟後,毛利自然也跌落到只有 3 ～ 4%。
服務安心的櫻花	隨著消費市場的轉變,櫻花將自己轉型為服務型公司,主打產品的安全與服務,成功的與競爭者做市場區隔,因此可享有 30 ～ 40% 的毛利。
生活美學的櫻花	隨著消費者生活品味的提高,櫻花將廚具轉化為室內家具,成為室內設計的一個元素,櫻花的廚具搖身一變成為藝術品,因此可以享有 3 ～ 4 倍的毛利。

企業唯有不斷的成長、變革、轉型,才能在競爭激烈的市場存活,企業所面臨的真正問題不是「景氣」,而是「努力」。

防疫案例：政府部門整合

新冠疫情在中國武漢引爆，武漢封城之前，500 萬武漢居民向外逃竄到中國各地，再由中國各省向全球擴散，台灣緊鄰中國（只隔台灣海峽），平日交流密切（據統計台灣人赴中國工作人數大約有 40 萬），全球公共衛生機構都紛紛預測：「台灣將會是嚴重災區」，結果不然，台灣在這一場防疫作戰中取得傲人成績。

01/20：疫情中心三級開設→肺炎通報啟動，填寫健康申報表

01/23：疫情中心二級開設→拒絕武漢居民登機、入境，對武漢發出旅遊警告

02/27：疫情中心一級開設→將疫情阻絕於境外

對防疫外行的行政院長退居幕後，擺脫了【官大學問大】的宮廷哲學，展現充分授權的明智決策，疫情中心由醫師背景的衛福部長陳時中領軍，協調整合行政院各部會，統一決策、統一作業、統一發言，指揮中心團隊每天召開記者會，親上火線詳細報告每日疫情，並接受記者提問，以專業團隊形象贏得百姓信任並配合，除了安定民心，更有效壓制疫情，更得到全球公衛體系的讚賞。

防疫案例：國家隊整合

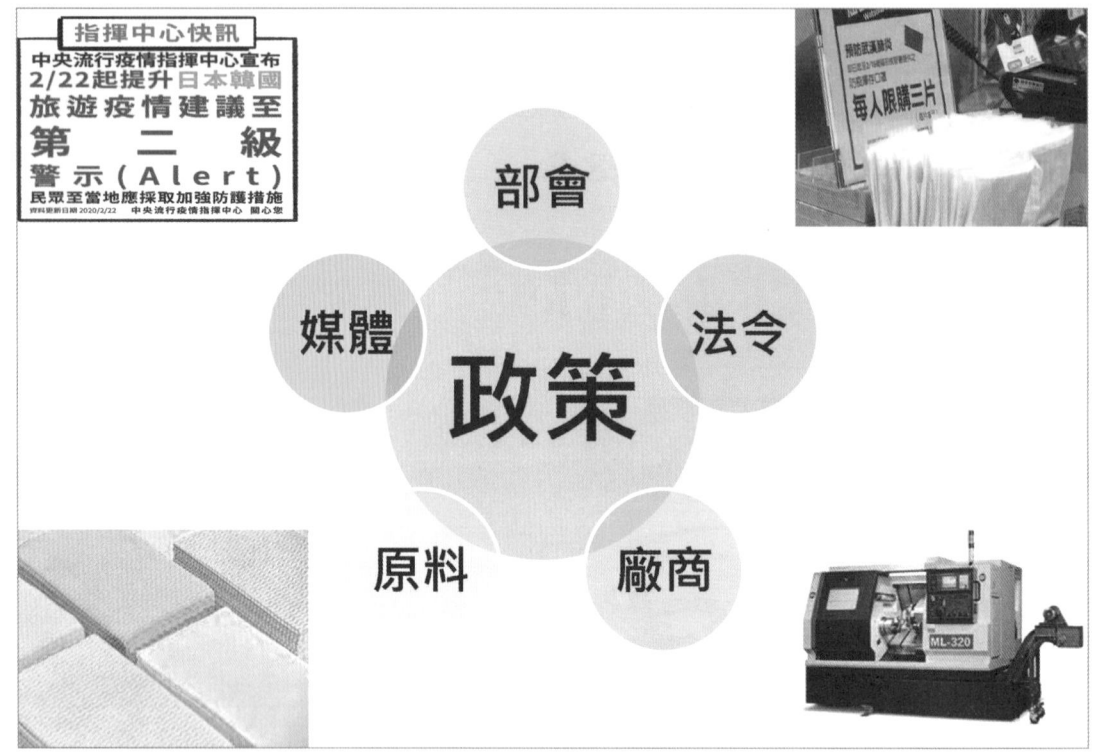

【將病毒阻絕於境外】僅是防疫第一步，對於漏網之魚，防疫中心推出了【全民戴口罩】政策，這是 2003 年台灣歷經 Sars 病毒肆虐後，得到的有效防疫經驗。

近年來台灣口罩廠商只生產高附加價值的高階口罩，分別外銷歐、美、日，低階口罩全部外移至中國生產，為了配合【全民戴口罩】政策，防疫中心出台 3 項作法：

- 停止所有口罩出口。

- 口罩列為國安物資，所有口罩工廠的產出由政府統一分配。

- 組織口罩國家隊：召集原料商、生產設備商、生產工廠、軍方（提供人力），快速擴增生產線，快速達到每日 2 千萬片的產能。

多個外國媒體對於台灣政府的防疫作為大加讚賞，對比周邊其他國家的政府因應作為，台灣的確打出 Team 的感覺，中華隊不再是負面名詞。

防疫案例：作業流程優化

口罩實名制	預購方式	付款方式	領取方式
1.0 實體通路	藥局、衛生所、健康中心	付現	當場領
2.0 網路通路	eMask 口罩預購系統、健保快易通 APP	ATM轉帳 信用卡刷卡	四大超商及 全聯、美廉社
3.0 超商預購 (4月22日起)	超商插卡	超商繳費	預定取貨超商

新冠疫情發生之前，口罩並不是生活必需品，政府組織了口罩生產團隊後，在初期產量不足的情況下，要如何有效率地將有限的資源分配給民眾呢？

第 1 階段	徵召全國藥局、衛生所、…，作為口罩分配窗口，由於各藥局每日配送口罩數量有限，造成街頭巷尾排隊買口罩的奇景，政府同步開發口罩地圖 APP，標示各藥局口罩存量。
第 2 階段	徵召國內大型連鎖超商，以 APP 網路預購、信用卡（ATM）轉帳、超商取貨，免除上班族排隊之苦。
第 3 階段	利用連鎖超商自動化機器（例如：7-11 的 i-bon），以健保卡在機器上做預購口罩的驗證，並在超商取貨，測底解決口罩之亂。

以上 3 個階段都是在跟時間賽跑，一邊作一邊改，循序漸進式的優化作業流程，有條不紊，是一種先求有再求好的優化策略！

團體利益 vs. 個人利益

SOP、流程優化、組織變革對於組織績效提升絕對是正面的,但個體績效與組織績效不見得是一致的,因為整體考量,而要放棄或改變長久以來所習慣的行為或作業方式,必然是會遭到抗拒的,另一方面,所謂的整體考量,誰能代表整體?誰有這樣的規劃能力?誰有執行權力?當反對力量強大時又有誰能堅持到底?這就是一個組織在結構改變時所必須面對與調整的。

突顯利益衝突的行銷方案

A 航空公司台北飛洛杉磯的經濟艙票價為 40,000,B 公司同樣的航程票價為 42,000,但 B 公司有累積航程座艙升等的優惠,票價多 2000 元(5%)是公司付帳的,升等享受是個人的,因此儘管 B 公司票較貴,仍會吸引許多商務客人。

習題

( ) 1. 在【ERP 概論】單元中，以下哪一個項目是錯誤的？

    (A) ERP = 企業資源規劃

    (B) ERP 是進銷存套裝軟體

    (C) ERP 系統是一種流程管理

    (D) ERP 系統是一種經營方式

( ) 2. 在【企業資源】單元中，以下哪一個項目是錯誤的？

    (A) 企業文化是一種無形的資源

    (B) 員工是一種有形的資源

    (C) 國家資源是競爭力的保證

    (D) 希臘是歐豬五國成員

( ) 3. 在【近年最大行銷騙局】單元中，對於金磚四國以下哪一個項目是錯誤的？

    (A) BRIC = 金磚四國

    (B) C = China

    (C) 金磚四國是一份行銷企劃書

    (D) 印度不是金磚四國成員

( ) 4. 在【資源規劃】單元中，對於林書豪的評論以下哪一個項目是錯誤的？

    (A) 屬於智慧型全能球員

    (B) 活化球隊運作方式

    (C) 林來瘋的精神 = 團隊合作

    (D) 林書豪以團隊助攻取代個人明星秀

( ) 5. 在【破銅爛鐵：新加坡】單元中，以下哪一個項目是錯誤的？

    (A) 新加坡缺乏天然資源

    (B) 新加坡土地面積大約等於台灣

    (C) 新加坡人口只有 500 萬

    (D) 新加坡必須向馬來西亞買水

（　）6. 在【新加坡：移民第一選擇】單元中，以下哪一個項目是錯誤的？

(A) 新加坡是觀光大國

(B) 新加坡是亞太金融中心

(C) 新加坡是高度人權意識的國家

(D) 新加坡是亞太運籌中心

（　）7. 在【討論：肥貓公務員】單元中，以下哪一個項目是錯誤的？

(A) 公務員讓人尊敬→新加坡

(B) 公務員是肥貓→台灣

(C) 新加坡是亞洲最有效率的國家

(D) 一流人才一流薪資→台灣

（　）8. 在【專利權的迷失？】單元中，以下哪一個項目是錯誤的？

(A) APPLE 開放手機專利

(B) 全球產業龍頭企業都擁有大量專利

(C) 專利是企業競爭的護城河

(D) Tesla 開放電動車專利是將產業的餅做大

（　）9. 在【組織架構與分工】單元中，以下哪一個項目是錯誤的？

(A) 競爭可能激勵進步

(B) 合作是人類的本性

(C) 競爭可能造成互扯後腿

(D) 雙北分享單車的整合是民意的趨使

（　）10. 在【跨部門整合範例】單元中，以下哪一個項目是錯誤的？

(A) 接單作業是業務員的職責

(B) 收款、信用稽核是財務部門的工作

(C) 景氣不好接單是首要考量

(D) 信用餘額不足會計部門必須拒絕訂單

（　）11. 在【傳統舊五管】單元中，以下哪一個項目是錯誤的？

(A) 資訊系統就必須提供企業經營、管理、決策的相關資料

(B) 資訊系統是經營者的決策依據

(C) 各部門獨立的資訊系統難以整合

(D) 企業越大老闆更要身先士卒

（　）12. 在【企業運作基本模式】單元中，以下哪一個項目是錯誤的？

    (A) 進銷存 = 進貨→行銷→存貨

    (B) 資金控管攸關企業生死

    (C) 研發是產品差異化的根本

    (D) QC = 品質控制

（　）13. 在【簡易的客戶交易流程】單元中，以下哪一個項目是錯誤的？

    (A) 系統整合的第一步是資料整合

    (B) 交易資料重複輸入有益於資料查核

    (C) 各自獨立的資訊系統會造成資料不一致

    (D) 交易系統的起始點為客戶訂單

（　）14. 在【客戶資料：地址？】單元中，企業內各部門使用獨立應用軟體，以下哪一個項目是錯誤的？

    (A) 資料欄位不一致　　　　(B) 欄位編碼不一致

    (C) 獨立運作效率高　　　　(D) 資料不一致

（　）15. 在【整合的現代五管】單元中，有關 ERP 的敘述，以下哪一個項目是錯誤的？

    (A) 是一套跨部門整合性軟體

    (B) 系統中所有部門共用資料

    (C) 所有部門必須協同作業

    (D) 人人都有查詢、編輯作業權限

（　）16. 在【統一：度量衡】單元中，以下哪一個項目是錯誤的？

    (A) 商人逐利天公地道

    (B) 公斤 > 臺斤 > 市斤

    (C) 童叟無欺才能確立商業信用

    (D) 標準化是現代商業的基礎

（　）17. 在【案例：交易公平】單元中，以下哪一個項目是錯誤的？

    (A) 經濟不發達國家貪小便宜是常態

    (B) 公平交易委員會是民間單位

    (C) 消保法是公平交易相關法規

    (D) 消保官解決民眾的交易糾紛

（　）18. 在【統一：語言】單元中，以下哪一個項目是錯誤的？
(A) 地方方言是經商的障礙
(B) 文化差異是經商的障礙
(C) 鄧小平統一中國語言
(D) 中國目前普通話非常普及

（　）19. 在【統一：貨幣】單元中，以下哪一個項目是錯誤的？
(A) 貨幣兌換不利於國際間商業交易
(B) 國際共通貨幣，演進：黃金→英鎊→美元
(C) 歐洲各國放棄自己的貨幣
(D) 歐洲採用馬克作為共同貨幣

（　）20. 在【案例：歐盟統一亂象】單元中，以下哪一個項目是錯誤的？
(A) 全體歐盟國家獲利甚大
(B) 英國脫歐主因是民族驕傲
(C) 歐盟整體而言利大於弊
(D) 歐盟內每一國家都可以享受區域內免關稅

（　）21. 在【規格的標準化】單元中，以下哪一個項目是錯誤的？
(A) 貨櫃只有兩種規格：20 呎、40 呎
(B) 棧板寬度一率是 4 呎
(C) 進入歐盟的手機必須使用 Type-C 充電接頭
(D) 貨櫃因為統一規格因此運作效率高

（　）22. 在【鴻海傳奇】單元中，以下哪一個項目是錯誤的？
(A) 鴻海是全球最大 IT 產品代工廠
(B) 鴻海企業的全球運籌玩的是接力賽跑
(C) 鴻海成功的主因是跨國經營
(D) 標準化是鴻海企業的核心競爭力

（　）23. 在【整合：語言、編號、單據、流程】單元中，有關於連鎖經營的
敘述，以下哪一個項目是錯誤的？
(A) 企業效益來自於整合
(B) 一次創新成本，分店共享成果
(C) 所有分店基本作業都是一致的
(D) 各店擁有彈性的經營權

（　）24. 在【整合：國際化會計準則】單元中，以下哪一個項目是錯誤的？
(A) IFRS 的 I 代表 Internet
(B) GAAP ＝一般公認會計準則
(C) 錯誤的財務報表將嚴重誤導公司決策
(D) IFRS ＝國際財務報告準則

（　）25. 在【ERP：財務導向的資訊系統】單元中，以下哪一個項目是錯誤的？
(A) ERP 共享資料庫
(B) ERP 是一個節稅的應用軟體
(C) ERP 流程整合
(D) ERP 是一個財務導向的資訊統

（　）26. 在【實例：客戶資料整合】單元中，以下哪一個項目是錯誤的？
(A) 資料整合是 ERP 系統最核心的作業
(B) 會計部門需要客戶的發票地址
(C) 倉儲配送部門不需要客戶資料
(D) 業務部門是第一個擁有客戶資料的單位

（　）27. 在【各部門所需客戶資料】單元中，以下哪一個項目是錯誤的？
(A) 各部門所需要的客戶地址資料是不同的
(B) 各種資料必須有權責單位
(C) 客戶編碼必須統一
(D) 系統整合由資訊部門自行規劃

（　）28. 在【SOP 標準作業流程】單元中，有關 SOP 的敘述，以下哪一個項目是錯誤的？
(A) SOP 不適用於急救
(B) 少數人專研創新
(C) 多數人遵循的標準
(D) 機器生產必須產品規格化

（　）29. 在【SOP 找零錢範例】單元中，以下哪一個項目是正確的？
(A) 老外的平均智商比老中低
(B) 老外的找零錢方法是設計給笨蛋用的
(C) 老中天資聰敏
(D) 老外的基礎教育太差

( ) 30. 在【聰明與笨蛋】單元中，以下哪一個項目是錯誤的？
(A) 心算找錢法錯誤率高
(B) 傻瓜找錢法錯誤率低
(C) 心算找錢法是老中的驕傲
(D) 傻瓜找錢法是一種標準流程

( ) 31. 在【喜憨兒的培訓】單元中，以下哪一個項目是錯誤的？
(A) 採取 SOP 訓練法
(B) 喜憨兒培訓方案是進步的社會的象徵
(C) 許多身障者更專注於工作
(D) 我們應該同情喜憨兒

( ) 32. 在【公共安全 SOP】單元中，以下哪一個項目不是造成公安事故最主要的原因？
(A) 嚴格遵循 SOP
(B) 貪圖方便
(C) 僥倖心理
(D) 放任包商為所欲為

( ) 33. 在【校園疫情 SOP】單元中，以下哪一個項目是錯誤的？
(A) 學校是一個最大的群聚環境
(B) 強迫戴口罩沒有法源基礎
(C) 教育部制定疫情停課標準
(D) 各校實施學生自主管理

( ) 34. 在【上下班打卡？】單元中，以下哪一個項目是正確的？
(A) 員工是出賣時間給企業
(B) 上班偷閒是常態
(C) 員工績效 = 產出績效
(D) 喝咖啡聊是非是部門溝通

( ) 35. 在【標準作業→標準收費】單元中，以下哪一個項目是錯誤的？
(A) 汽車原廠維修標準定價
(B) 原廠維修根據 SOP
(C) 原廠維修根據安全守則
(D) 路邊維修廠比較便宜

( ) 36. 在【Work from home】單元中，有關在家工作，以下哪一個項目是錯誤的？

(A) 員工必須有強烈的使命感

(B) 每一個工作必須有標準作業程序

(C) 每一個程序必須有標準工時

(D) 各單位間協同作業同樣要有明確規範

( ) 37. 在【案例：豐田汽車「在家工作」】單元中，以下哪一個項目是錯誤的？

(A) Sars 造就了視訊會議系統的推廣

(B) 群聚上班是無法避免的

(C) Covid-19 促成了在家工作興起

(D) 在家工作是時代發展的趨勢

( ) 38. 在【組織精簡與流程再造】單元中，以下哪一個項目是錯誤的？

(A) 台灣是中小企業為主的產業架構

(B) 不同的發展過程成就不同的企業

(C) 組織越大競爭力越強

(D) 台灣多數中小企業無法轉型為大型企業

( ) 39. 在【會跳舞的大象】單元中，以下哪一個項目是錯誤的？

(A) 案例中 IBM 被稱為大象企業

(B) IBM 的衰敗是因為錯估產業發展趨勢

(C) IBM 再次興起是憑藉組織再造

(D) 案例中的 CEO 是巴菲特

( ) 40. 在【韓國的大象】單元中，以下哪一個項目不是韓國三星企業所採取的變革策略？

(A) 全球併購　　　　　　　(B) 精實整併

(C) 調整財務體質　　　　　(D) 非核心業務外包

( ) 41. 在【討論：派遣人力的優劣？】單元中，以下哪一個項目不是派遣人力的優點？

(A) 可以隨著經濟景氣變化機動調整人力需求

(B) 員工與企業有共同的目標

(C) 不必背負龐大的員工退休準備金

(D) 強化個人專業能力

（　）42. 在【台灣的大象】單元中，以下哪一個項目是錯誤的？

(A) 台積電的成功元素叫做 Trust

(B) 台積電幫全世界做代工

(C) 台積電是全球品牌大廠

(D) 台積電晶圓代工技術稱霸全球

（　）43. 在【蛻變的櫻花】單元中，以下哪一個項目不是櫻花轉型的三個時期？

(A) 生產製造 　　　　　　　(B) 服務安心

(C) 生活美學 　　　　　　　(D) 全球運籌

（　）44. 在【防疫案例：政府部門整合】單元中，對於台灣防疫成功，以下哪一個敘述是錯誤的？

(A) 行政院長充分發揮專業 　(B) 部門整合

(C) 安定民心 　　　　　　　(D) 專業指揮體系

（　）45. 在【防疫案例：國家隊整合】單元中，以下哪一個項目不是我國採取的防疫作為？

(A) 將病毒阻絕於境外 　　　(B) 實施全民篩檢

(C) 口罩列為國安物資 　　　(D) 組織口罩國家隊

（　）46. 在【防疫案例：作業流程優化】單元中，以下哪一個項目不是優化流程的作為？

(A) 徵召全國藥局作為口罩分配窗口

(B) 開發口罩地圖 APP

(C) 無限量供應國民口罩需求

(D) 以健保卡在超商機器預購口罩

（　）47. 在【團體利益 vs. 個人利益】單元中，以下哪一個項目是錯誤的？

(A) 組織會遭到抗拒

(B) 變革成功需要堅持的信念

(C) 將個人利益擺在前面是人的通性

(D) 組織利益永遠大於個人利益

資訊系統的演進

ERP 是一套整合性企業管理資訊系統，這是一套根據市場需求不斷演進所產生的系統，它是因應環境變化→產業變化→管理變化，而逐步進化的一套系統。

由於科技進步→生產力提升→生活水準提高，市場競爭加劇，消費者需求快速變化，因此啟動了管理上的變革，當然，資訊軟體是管理績效提升的基本工具，因此對於軟體功能的需求不斷提升。

由於全球化分工的趨勢，造成供應鏈上、中、下游廠商協同作業的需求，更進一步延伸了 ERP 系統的運作範圍，結合上游的供應鏈管理、下游客戶關係管理，ERP 不再是【企業】資源規劃，升級版 EERP 應改名為【供應鏈】資源規劃。

時代的演進

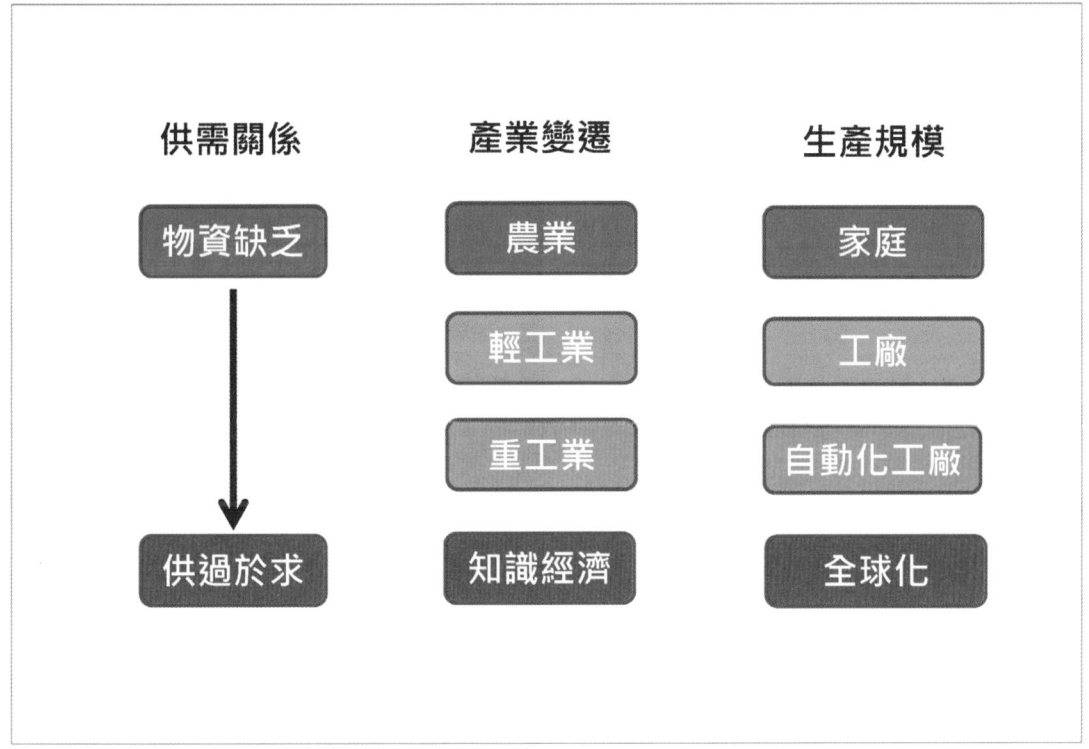

我阿公小時候只有草鞋可以穿，我阿爸小時候只有在重大慶典才能穿鞋子，我小時候，名牌運動鞋只有「中國強」一種，鞋子的顏色只有「黑、白」兩種，現在在教室中，請所有學生將腳伸出來檢查，30 個學生就會有 30 個不同品牌、款式的鞋子，一個班級中很難找到同一款式的鞋子，這說明了時代的改變。

在時代的演進下，物資供給的情況改進了，進而刺激了產業的演進，也由於產業的競爭，提升了產業的生產規模，請參考下表：

供需變化	物資缺乏 → 供過於求
產業變遷	農業 → 輕工業 → 重工業 → 知識經濟
生產規模	家庭 → 工廠 → 自動化工廠 → 全球化

生產管理的演進

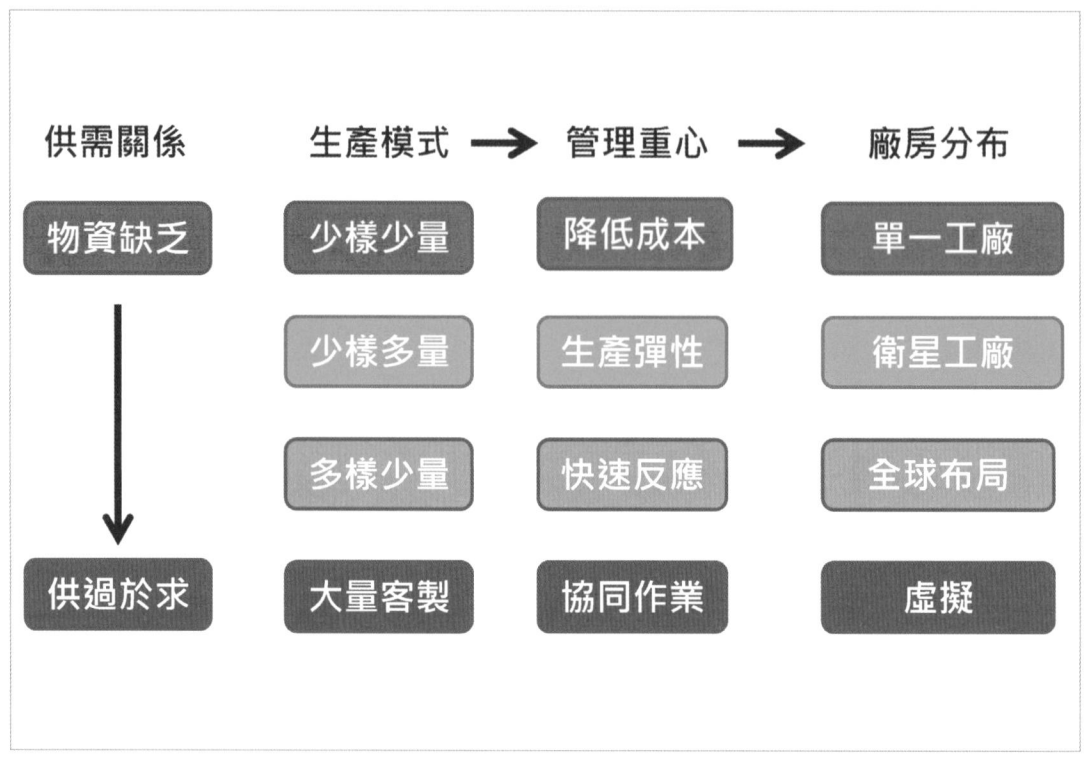

當人們只需要填飽肚子的時候，對物質享受是不挑剔的：有就好，當肚子填飽了，就會要求生活有一些不一樣，要變化了，當物質完全滿足了，就要求心靈層次的昇華，因此需求的重點轉為個人的獨特性，由於消費者的需求改變了，生產的模式也必須跟著進化，生產方式的改變自然觸發管理重心的移動，最後在產業高度競爭下，企業生產佈局也必須跟著改變，請參考下表：

供需變化	物資缺乏 → 供過於求
生產模式	少樣少量 → 少樣多量 → 多樣少量 → 大量客製
管理重心	降低成本 → 生產彈性 → 快速反應 → 全球化
工廠分布	單一工廠 → 衛星工廠 → 全球布局 → 虛擬

 名詞解釋：大量客製

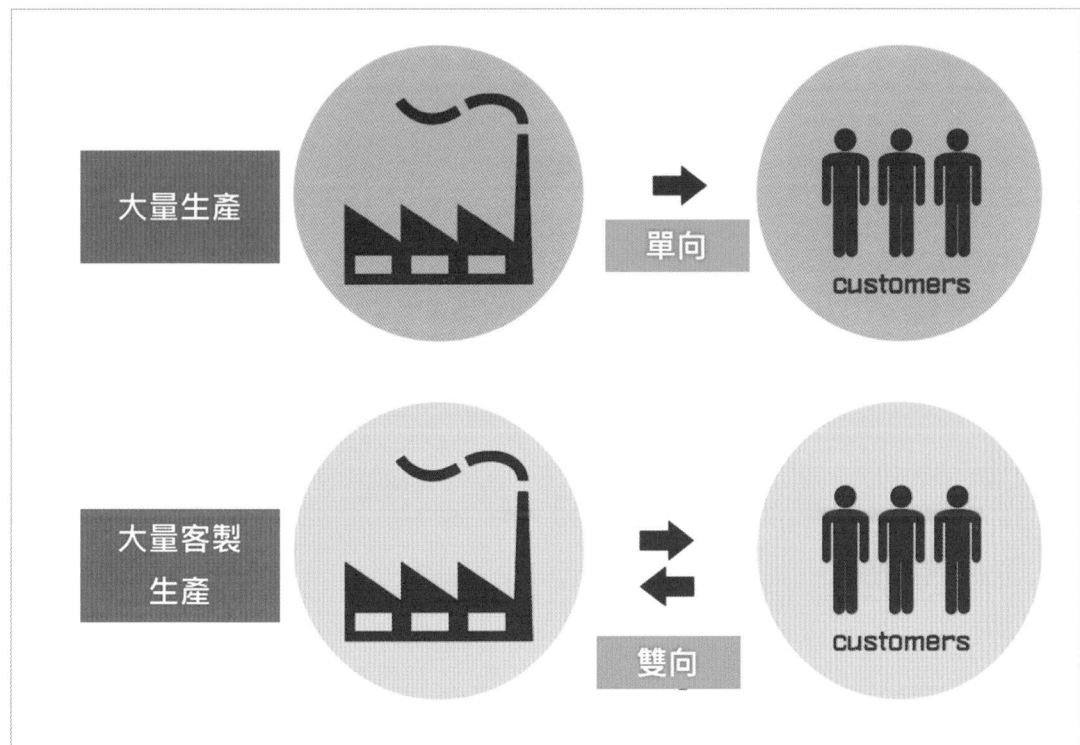

大量客製（Mass Customization）是相對於工業革命後，科學管理所提出大量生產的概念，「大量」常常導致產品的模式化、標準化，「客製化」則往往意味著少量生產。二者朝著不同的方向前進。然而，競爭方式層出不窮，公司必須找到增加價值的新方法。大量客製化（Mass Customization）一方面能提供多樣的選擇，一方面滿足大量客戶。在資訊時代企業可以做到大量客製化的要求。以往大量生產標準化的產品，客製化只能少量生產，如今拜電腦網路連線之賜，消費者經由網際網路下訂單，訂購自己所需規格的產品，不論是汽車、電腦、牛仔褲等都可以經由網路傳送到公司，自己的工廠甚至遠在海外的外包協力廠也可以同步獲得訂單訊息，即刻展開小量多樣的彈性生產。

名詞解釋：彈性生產

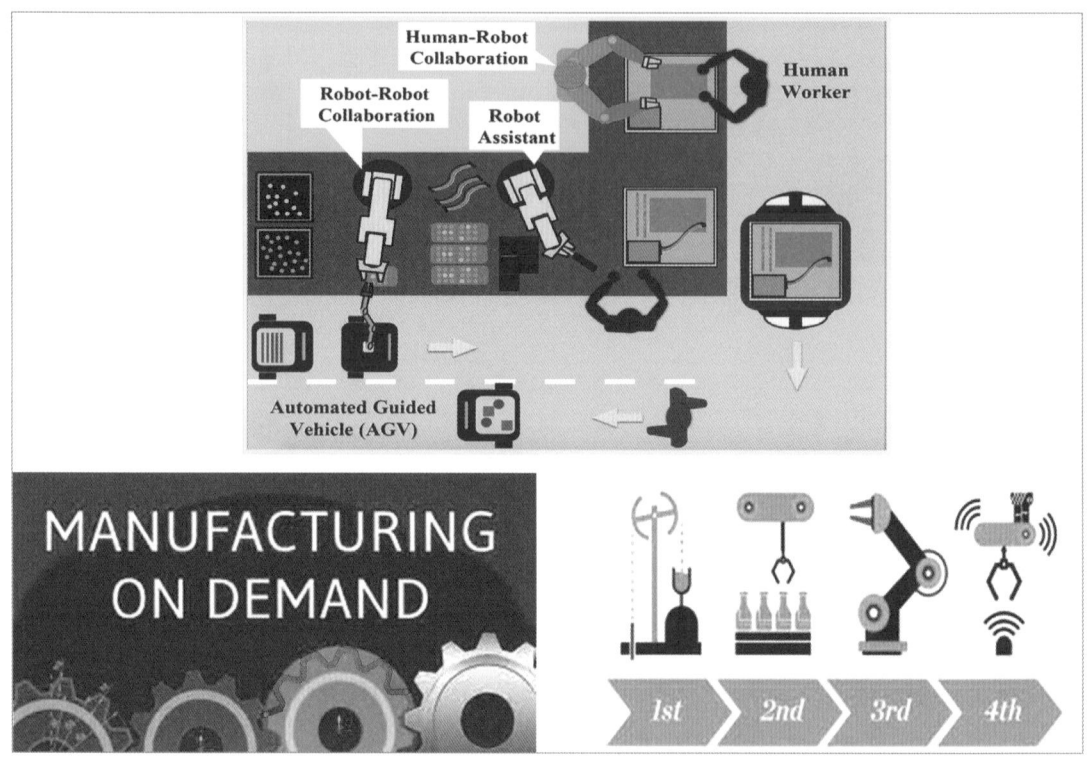

生產線因為大批量生產而產生效益，但每一次生產線的變更都會產生大量人力與機器的閒置，但商業競爭加劇、消費者喜好變異快，批量生產的結果可能就成為滯銷的庫存品，【依訂單生產】（Manufacturing On Demand）的觀念因應而生。

彈性製造系統就改變生產線的運作方式，大量使用多功能機器人，並進行機器人與人的協同作業，以軟體設定取代實體生產線的硬體變動，大幅提升生產線變更效率，甚至在生產線上設計少量多樣的生產，Dell 就是彈性生產的始祖。

目前正夯的工業 4.0 就是將【依訂單生產】的精神發揮到極致，消費市場上的消費資訊即時傳送到工廠，並瞬間啟動原料生產、採購、成品製造、商品配送，以即時生產大幅降低庫存積壓。

名詞解釋：快速反應

快速反應是指物流企業面對多品種、小批量的買方市場，不是儲備了「產品」，而是準備了各種「要素」，在用戶提出要求時，能以最快速度抽取「要素」，及時「組裝」，提供所需服務或產品。

- ⟩ QR（Quick Response）是美國紡織服裝業發展起來的一種供應鏈管理方法。

- ⟩ QR 要求零售商和供應商一起工作，通過共用 POS 信息來預測商品的未來補貨需求，以及不斷地監視趨勢以探索新產品的機會，以便對消費者的需求能更快地做出反應。

- ⟩ QR 的著重點：是對消費者需求做出快速反應。

名詞解釋：衛星工廠

大企業將其所計畫生產之工業產品的細部零件，分別交由各個中型企業生產，各個中型企業拿到某零件訂單後，再將更細部的元件交由小型企業生產，如此一來，便成了一個以大企業為中心的網路體系，稱為「中衛體系」。

中衛體系以汽車製造業最為明顯，一部車的完成代表著上百家甚至上千家廠商的生產，因此汽車工業有火車頭工業之稱，一家汽車工業可帶起數百家的衛星工廠，而其衛星工廠更可以帶動更多其他的工廠。

這種中衛體系在台灣更是明顯，台灣眾多的中小企業形成了一個綿密又複雜的網路架構，這樣的架構，提供了大企業許多的便利。一是可以專心生產主要零件。二是具有高度的生產彈性，在景氣循環中，市場需求大，則多將零件外包生產，景氣不好時，則減少訂單即可，不需費心閒置廠房及閒置勞力的問題。

名詞解釋：全球生產

全球分工就是將整個生產過程的不同工序分散到世界不同地方進行。由此，跨國企業可以充分利用不同地方的優勢（例如：低勞工成本、高科技研發能力等）。

跨國企業的國際委外作業（outsourcing），使國際分工在這二、三十年間起了質的變化。在舊的國際分工系統中，發展中國家集中出口原材料和農產品，發達國家主要進口原材料，在國內加工成工業製成品，主要在國內市場出售。隨著發達國家勞工成本上升，企業努力尋找低成本生產基地，並將工序分拆，把技術要求較低的工序外移到發展中國家進行。這也是跨國企業在 80 和 90 年代的重要策略。

在這個新的國際分工系統中，發達國家的企業將生產外包給發展中國家的工廠，然後將工業製成品進口到本國市場出售，並推銷至全世界。跨國企業在本土的企業總部，一般都集中在產品研發和市場推廣，並且管理著整個分佈在不同國家的生產系統。

資訊系統演進

由於企業管理重心的改變，對於資訊的數量、品質、速度要求也不斷提高，為滿足管理的需求，資訊系統也跟著不斷演進，請參考下表：

管理重心	降低成本 → 生產彈性 → 快速反應 → 全球化
資訊系統	MRP → MRP II → ERP → EERP

資訊系統並不是被某一個天縱英明的人【發明】出來的，而是根據市場的演進與需求，而逐步：更新→改良而來！

MRP：物料需求規劃

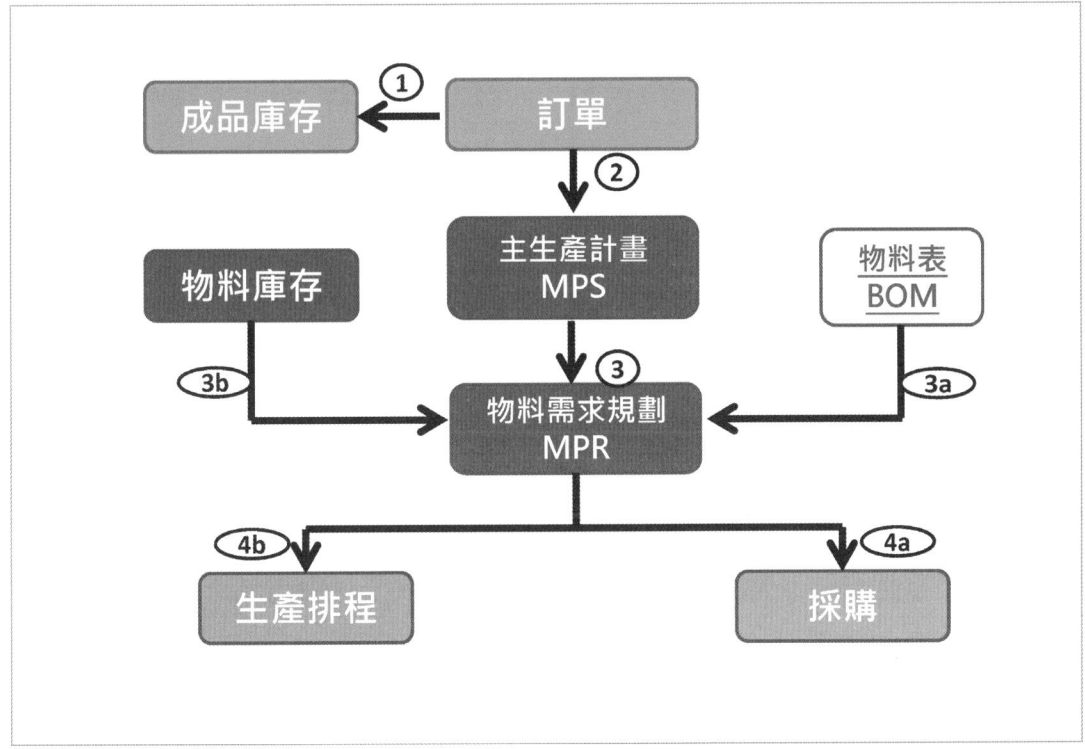

MRP（Material Requirement Planning）運用在早期的工廠自動化，由於消費者的要求不高，因此生產模式為多量少樣，以降低生產成本為營運重點，此時企業資訊系統著重於物料管理，一方面降低採購成本，另一方面要確保物料供給無虞，生產順利進行，流程說明如下：

0. 整個系統由客戶訂單來啟動（假設並簡化的流程）

1. 接到客戶訂單後，查詢成品庫存量，並算出成品不足數量

2. 庫存不足，則啟動主生產計畫
   主生產計畫內容：產品種類、產品數量、產品交期

3. 根據主生產計劃，產生物料需求規劃
   A. 查詢物料表，取得每一個產品的：物料結構、數量、採購前置期
   B. 查詢物料庫存量，算出生產計劃中不足的物料品項及數量

4. 完成物料需求規劃後：
   A. 採購不足物料
   B. 進行生產排程

Bill Of Material 物料表

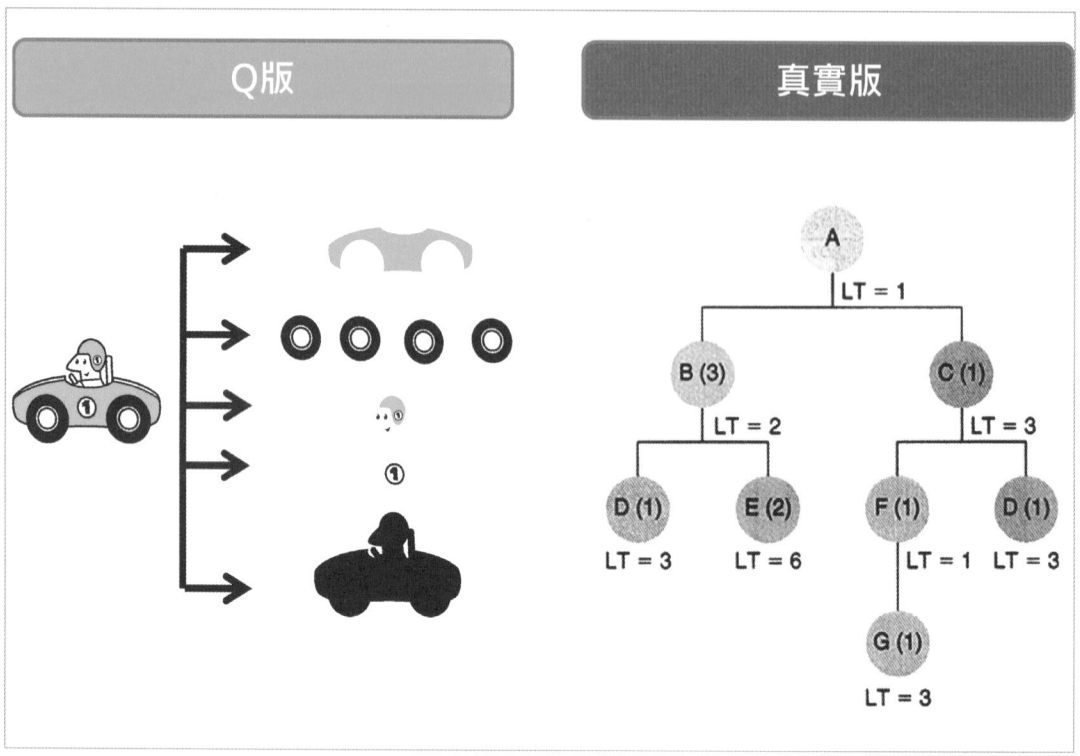

A 產品構造	3 個 B 物料、1 個 C 物料 前置期：B 是 2 天、C 是 3 天
B 物料構造	1 個 D 物料、2 個 E 物料組 前置期：D 是 3 天、E 是 6 天
C 物料構造	1 個 F 物料、1 個 D 物料組成 前置期：F 是 1 天、D 是 3 天
F 物料構造	1 個 G 物料組成 前置期：G 是 3 天

LT = Lead Time 採購前置期（前置期一般採用天或小時為單位）

BOM 表是物料管理的基本，若 BOM 表無法即時全面同步更新，將造成庫存採購、成本計算、生產製程的一團混亂。

MRP 模擬計算

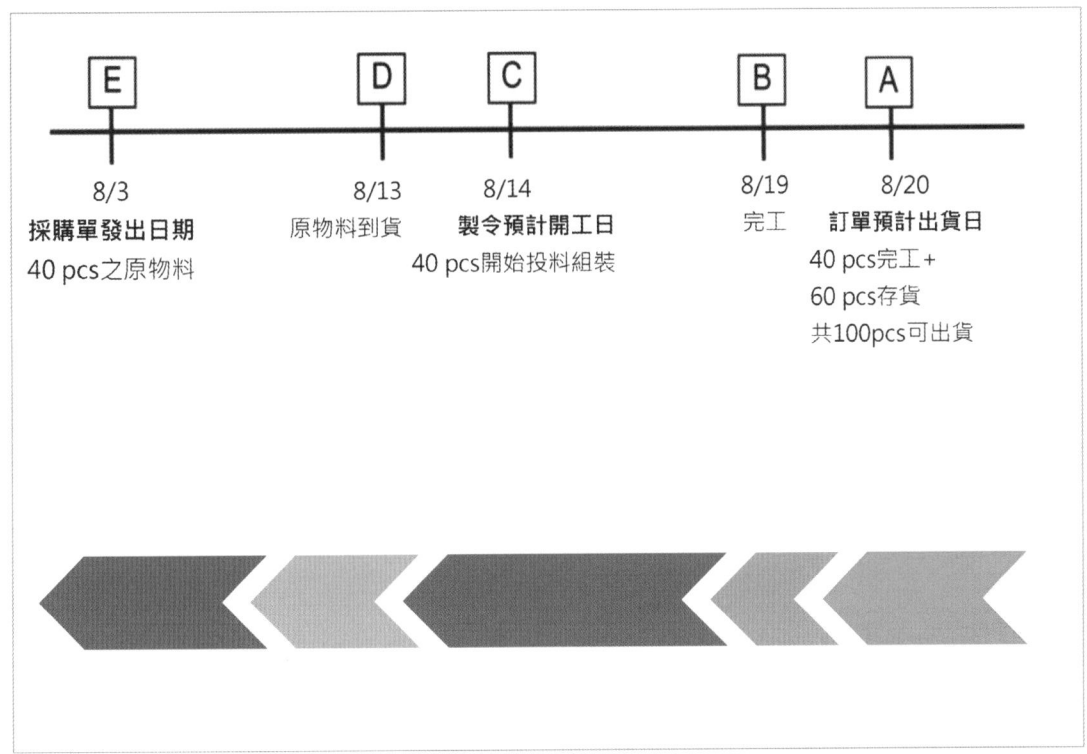

 訂單：出貨日期 8/20，出貨量 100pcs

A	8/20 該天存貨可用量為 60pcs 生管單位知道如果該訂單要如期出貨，存貨尚缺 40pcs 的商品
B	需在 8/19 完工，才能滿足 8/20 訂單出貨量的需求
C	從投料組裝（LT：Lead Time 前置時間）需要 5 個工作天 生產 40pcs 的成品必須要在 5 天前開始組裝 8/14 開始生產
D	組裝材料應該在組裝前一天 8/13 到貨
E	買這些組裝的原料需要 10 天 8/3 所有的原物料都必須發出採購單通知供應廠商開始製造

⤨ 我的人生⋯持續空轉中

11:00：RD 要求新增一個替代料	哇咧…還好BOM表還沒送去DCC…. 還可以改….
13:00：RD 又要求增加另一個替代料	哇咧咧…裝肖維ㄟ….
15:00：	完成FINAL BOM，交給老闆簽核…. 老闆問：「不會再變了吧？」 我回答：「應該不會了啦….」
17:00：RD 又要求再追加一顆替代料	哇咧咧咧，我的火氣全上來了…. 每次都是這樣 一改再改，一日三變，唉……
19:00：	跑去DCC 抽換BOM 表第1 頁 第2 頁要RD 簽名，懶得重跑 所以直接抽換
DCC 告知：不可抽換，請你重新簽核	哇咧咧咧咧…氣死驗無傷….

RD = Research Department（研發部門）
DCC = Document Control Center（文件管理中心）

BOM 表是生產規劃的基本藍圖，一件商品的 BOM 表變更就會影響後續所有動作，包括：庫存、採購、入庫、排程、…，BOM 表為什麼會變更呢？有以下幾個因素：

成本	降低成本是製造業的鐵則。
品質	一個零件故障將會影響到整個商品，甚至於公司商譽，零件品質是優質廠商的首選。
交期	遇到急單、大單時，原有配合供應商無法及時支援，就會選採用其他廠牌替代部件。
功能提升	為提升商品功能，變更零件。
採購策略	A. 為了確保零件貨源的穩定，有些廠商會採取多供應商策略 B. 為掌握關鍵零件或技術，有些廠商會採用單一結盟策略

案例：斷鏈危機

2011 年 3 月泰國洪水，日本硬式磁碟機的生產工廠都設在泰國，而日本是全世界硬式磁碟機最大供應國家，因此硬式磁碟機價格立刻飆漲，許多電腦訂單無法出貨，如果你是 ACER 宏碁總經理，該如何因應？

2019 年底中國武漢爆發新冠肺炎疫情，造成全球封城、斷航，供應鏈全部中斷，全球化大型企業開始思考全球分工，對供應鏈所產生的斷鏈風險，更思考戰略性物資、產品回歸母國生產的方案！

 以上 2 個事件對台灣產業是利空？利多？

MRP II：製造資源規劃

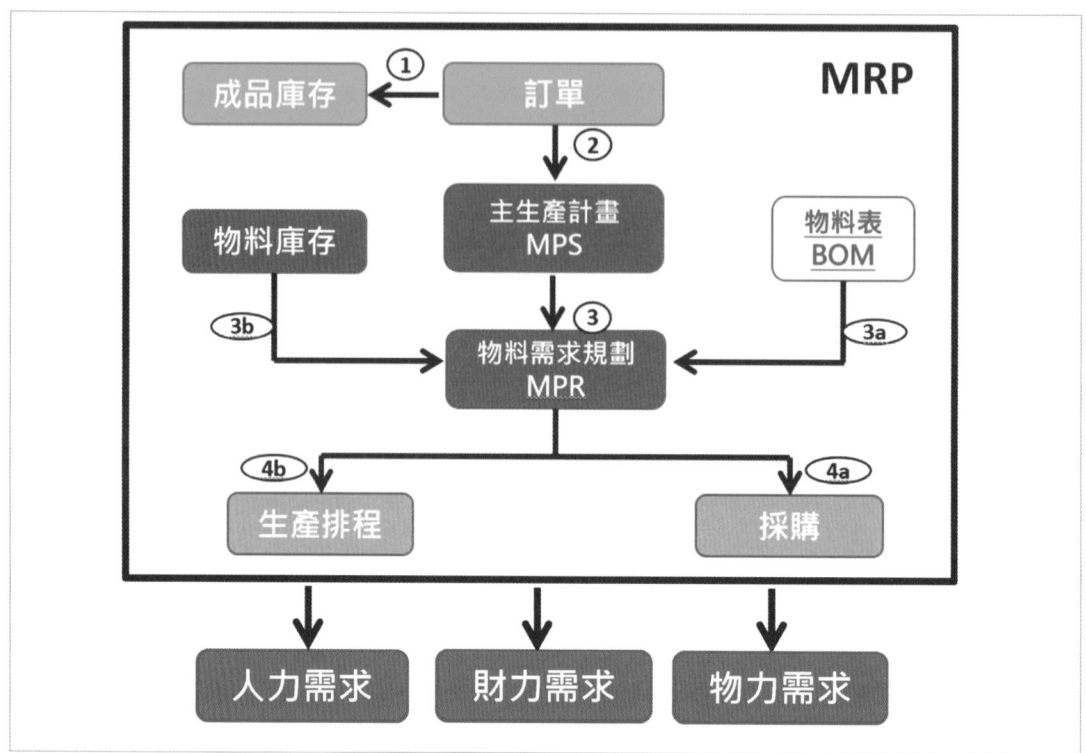

物料管理只是生產的第一步，生產所需要的：廠房、設備、人力當然必須規劃、管理，而這些當然都必須有財務規劃作為後盾，正所謂：「一分錢逼死英雄好漢」，因此在既有的 MRP 系統架構下，擴充：人力需求、財力需求、物力需求規劃 3 個模組，軟體升級為：製造資源規劃 MRP II（Manufacturing Resource Planning），讓負責生產製造的工廠達到資訊、資源整合。

案例：人力資源管理

⊙ 2011 年鴻海集團富士康員工連續跳樓事件，鴻海、APPLE 都被指控為黑心企業，鴻海開始大規模投入自動化生產，以機器人替代人工，更進一步啟動無人關燈工廠計畫，以降低低階人力的需求。

⊙ 2019 年 Amazon 被員工指控黑心壓榨，更被國會議員指控未善待員工，而提出貝佐斯法案：「亞馬遜等僱用逾 500 人以上大型企業，若員工因低薪得申請聯邦補助，這些血汗企業得繳稅買單。」，同年聖誕旺季前夕，Amazon 將物流中心基本時薪由 $7.5 調漲至 $15，Amazon 吸引大量轉職員工順利解決旺季人力不足問題，讓造成競爭對手嚴重缺工！

以自動化投資降低人力需求已經是製造業發展主流，再來連服務業都會受到影響，例如：導覽機器人、旅遊 APP、⋯，除了創意產業外，各行各業都逐步導入：自動化、機器人，以取代昂貴、難以管理的【人】。

ERP：企業資源規劃

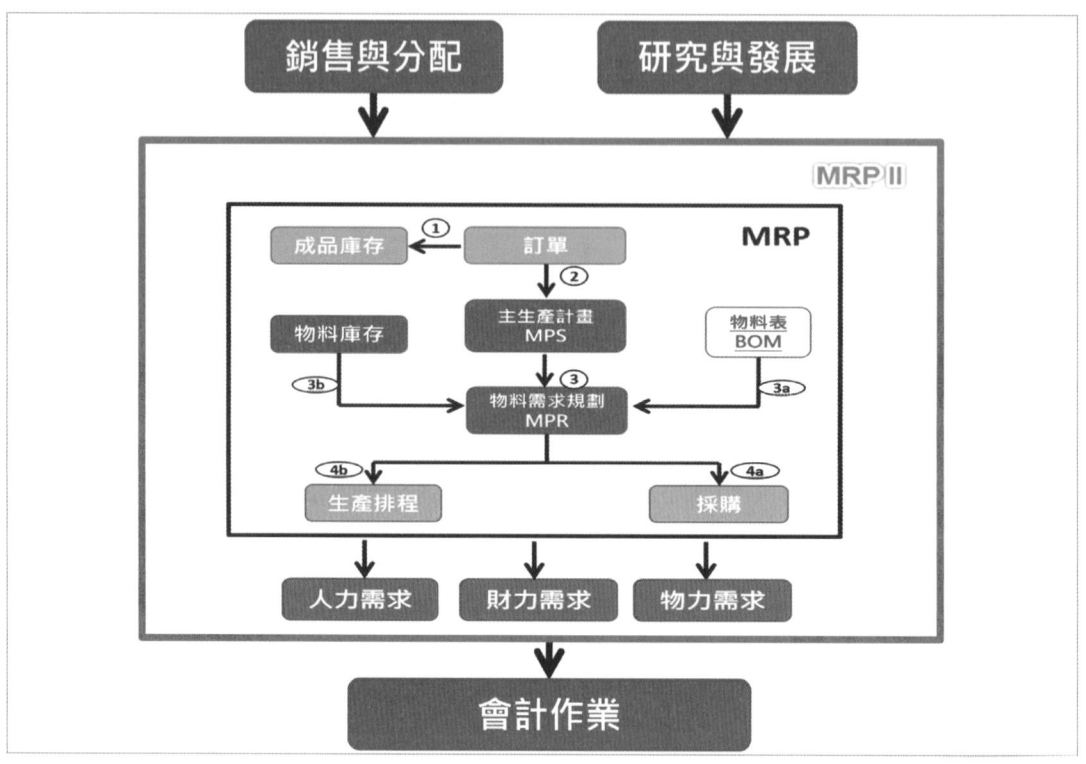

由於產業競爭加劇，企業必須將管理的重點由生產工廠外擴到：銷售部門、研發部門、財務部門，將整個企業融合為一體做整合管理，因此在既有的 MRP II 系統架構下，又擴充：銷售與分配、研究與發展、會計作業 3 個模組，系統升級為：企業資源規劃 ERP（Enterprise Resource Planning）。

ERP 採用即時連線技術（Online-Realtime），系統內所有資訊都是同步即時更新，所有部門都更能有效掌握企業內資源配置狀況，對於全球化企業而言，ERP 系統就有如企業的：千里眼＋順風耳，CEO 可以運籌帷幄於企業總部，各地業務可即時掌握企業內全球及時資源，各個研發中心可以即時支援、分享成果，財務長更可即時掌握全球資金配置。

EERP：延伸型 ERP

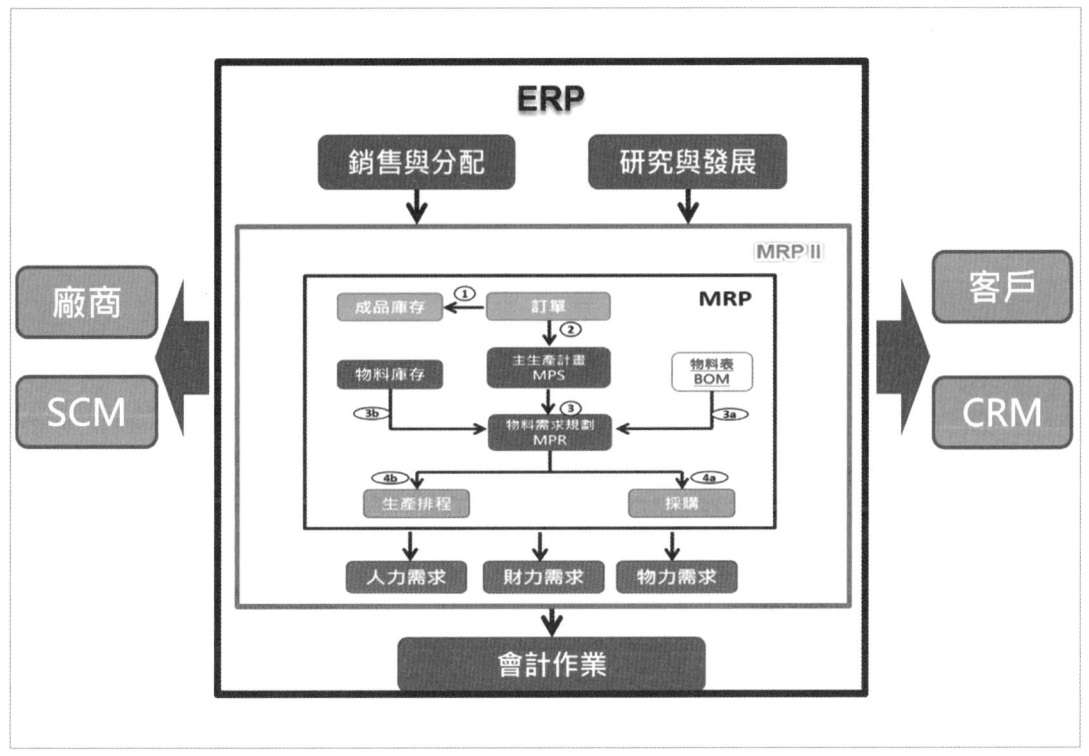

由於產業持續激烈競爭，因此產業分工成為趨勢，所有的企業都是價值鏈上的一個點，價值鏈上的任何一個點產生瑕疵或斷裂，都會導致整個價值鏈的失敗，因此每個企業就算是做到自己 100 分，仍無法確保成功與勝利，因為整條價值鏈上的所有企業都是生命共同體，因此管理範圍必須銜接上游供應商及下游客戶，在既有的 ERP 系統架構下，串聯上游的 SCM：Supply Chain Management 供應鏈管理系統，並串聯下游的 CRM：Customer Relationship Management 客戶關係管理系統，系統再度升級為：延伸型企業資源規劃 EERP（Extended ERP）。

在全球化分工的產業發展中，上、中、下游企業間形成一個團隊，共存共榮，因此【分工】之後更要【合作】，資訊整合就是合作的基本要件，舉例來說：Apple 下單給鴻海，當然必須及時掌握鴻海線上生產狀況，鴻海下單給群創，當然必須及時掌握群創線上生產狀況，Apple →鴻海→群創，透過資訊系統最上游的 Apple 可以掌握所有生產的進度。

案例：供應鏈管理

太平盛世下，所有企業考慮的是：發展、短期獲利，遇到危機時，企業考慮的是：生存、長期利益！

全球化分工生產模式已盛行了幾十年，創造的【低生產成本→低物價】的商業擴張有利條件，進而促進全球經濟快速成長，由於低廉的：人工、土地、資源，中國成為世界工廠，多數低階、低毛利、高污染的產業都移往中國，中美貿易大戰發生後，在中國設廠的企業考量美國重稅後，就逐步計畫撤離中國，新冠肺炎疫情在武漢爆發後，中國各地實施無預警封城，全球供應鏈幾乎全部中斷，在中國設廠的企業【即刻】實施撤離中國計畫，或要求供應鏈下游廠商搬離中國，這時，短期利益、成本都不再是企業的考量點！

美國政府甚至警覺：「所有原料藥都在中國生產，這是國安問題」，因此要求美國藥廠必須將生產移回美國，全球化分工的供應鏈協作模式正在產生質變中！

案例：APPLE 神話

Apple 是一家什麼樣的公司？電子業？通訊業？…，都不是！Apple 是一家創新企業、是一家時尚企業！

Apple 是全球第一家個人電腦公司，以 Apple II 讓全球資訊教育進入平民化，打破大主機所組成的電腦專業藩籬，成就今日資訊科技光速的發展。

Apple 第二個世代陸續開發出：iTune（媒體播放器）→ iPod（線上音樂）→ iPad（平板電腦）→ iPhone（智能手機）→ iTv（智能電視），每一個產品都是：騰空出世→引領時尚，Apple 不去問消費者要什麼！而是為消費者創造新的需求，因此每一項新產品都讓消費者驚呼連連，新品發表會就如同：科技＋時尚發表會，更是電子資訊產品的規格、發展趨勢的發表會。

Apple 創始人賈伯斯被譽為當代最有創意的 CEO，目前 Apple 更是全球市值最大的企業！

New York Apple

2013 年筆者到紐約玩，當然得到 Apple 的展示中心（每一年新品發表記者報導果粉排隊的店）朝聖一下！簡單、質樸、大氣是我對 Apple 展示中心的第一感覺。

【展示】而不販賣，因此不是門市也不是賣場，所有工作人員就負責：解說、服務，而不是需要背負業績壓力的業務人員，因此所有顧客可以輕鬆在展示心內體驗各項產品，有需要解說時再召喚服務人員即可，商品體驗後再自行上網購買，這是一種全新的通路概念：

> 線上：行銷、交易

> 線下：服務、體驗

套一句時髦的說法：O2O（On-line 2 Off-line）虛實整合！

APPLE 價值鏈

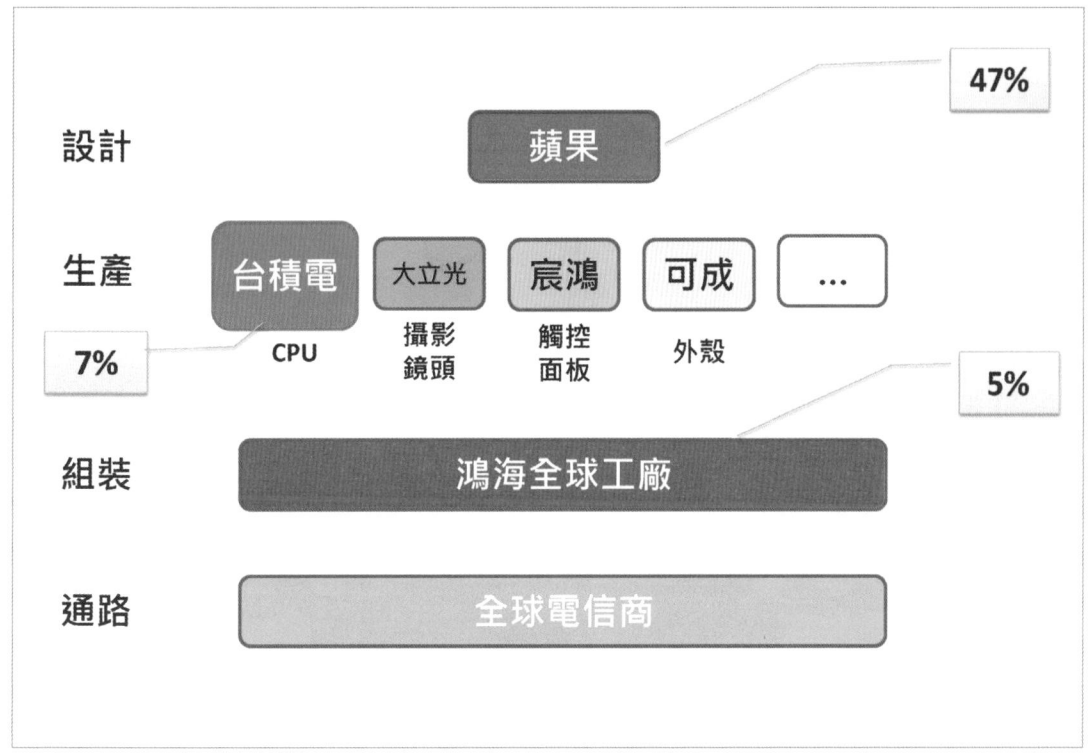

俗語說：「聰明的出張嘴，笨的跑斷腿」，細膩的剖析了目前產業分工的實際情況！

Apple 在整個供應鏈中只扮演 2 個角色：研發（裡子）、行銷（面子），這也是 Apple 的核心競爭力，但整個價值鏈 47% 的利潤 Apple 拿走了，其他勞力密集的環節：生產、組裝、通路就交給下游廠商，並且採取多供應商策略，以達到穩定供貨及壓低價格的目的。

台灣廠商在 Apple 價值鏈中扮演【製造】的角色，目前只有台積電、大立光兩家世界級的廠商，歷年來不斷加大研發投資帶動產業升級，藉由獨特的技術創新，取得 40% 以上的高毛利，多數的廠商的獲利都是【茅山道士】（毛利 3 ～ 4%），還要擔負景氣不佳時被大廠轉單、砍單、抽單的投資風險，目前低階製造已完全被中國廠商取代。

台灣產業外移

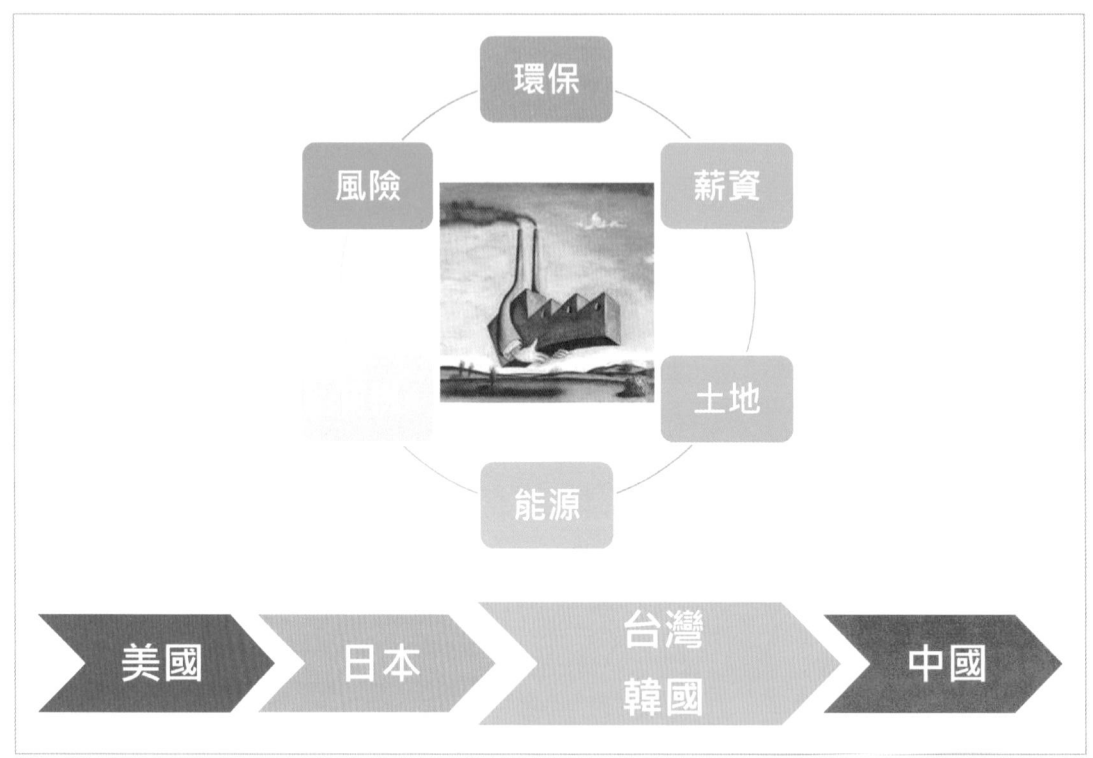

台灣近二十年來產業外移嚴重，勞力密集的生產事業大多移往中國或東南亞，因此產生台灣勞工失業率提高的問題。回頭想想，台灣的勞力密集產業、生產技術是由日本轉移至台灣的，而日本又是由美國移轉過去的，為何會產生產業聚落的轉移呢？

一個國家、地區的生產成本（勞力、土地）相對偏低的時候，就容易吸引企業的投資，持續投資一段時間後，當地的工作機會增多 → 收入增加 → 生活水準提高 → 生產成本提高，對於企業投資的吸引力便會逐漸降低，這就是經濟學最基本的供給與需求關係。

產業轉移：美國→ 日本 →台灣、南韓 → 中國 → 東南亞

當美國人薪資高漲了，勞力密集產業就移往日本，日本發達了、富足了、薪資跟土地又高漲了，產業就移到台灣了，20 年的經濟奇蹟之後，產業又移至中國，但是…，現在連中國也開始做產業轉型，拒絕勞力密集、高汙染產業，要求改善工作環境、不斷提高最低薪資。

❌ 產業轉移的見證

台灣於 1966 年設立加工出口區，以「低廉的生產成本」，開創「台灣經濟奇蹟 20 年」，工廠內的年輕女工就是幕後的重要推手，1970 年代台灣文學家楊青矗所著的「工廠女兒圈」清晰的描述當年血汗工廠與工廠女工的悲情。

女歌星鳳飛飛稱霸歌壇 10 年（1976 ～ 1986），其主要粉絲就是工廠女工，血汗工廠中的女工雖然心情苦悶，但口中隨著收音機唱著：「我是一片雲，自在又瀟灑…」，身心靈便得到解脫。

1979 年中國領導人鄧小平提出改革開放，在深圳、珠海、汕頭和廈門試辦經濟特區，企業家投資中國的重要因素依然是「廉價的勞動力」，因此血汗工廠漸漸地由台灣轉移至中國。

鄧麗君柔和的歌聲穿透了兩岸，與當時的中國實際領導人鄧小平（老鄧）併稱，一起成為老百姓熟悉的名字，並流傳著「白天聽老鄧，晚上聽小鄧」、「只愛小鄧，不愛老鄧」等流行語！

🔀 世紀對話

Obama

Jobs

蘋果是最成功的企業
美國籍員工只有4%
請將生產移回美國

Mission Impossible 8
不可能的任務：第8集

蘋果讓利鴻海

事件：

iPhone 在新品發表前，Steve Jobs 召集所有主管，不滿的抱怨 iPhone 若與鑰匙一起放在褲袋中，鏡面會產生嚴重刮痕，追求卓越的 Steve Jobs 喝令 3 天內解決。

因應：

時間：當天晚上　　地點：中國　　主角：富士康公司＋所有產業鏈供應商

動作：8 千人＋ 12 小時兩班制＋一瓶水＋一盒餅乾

結果：3 天內達成 Steve Jobs 更改 iPhone 鏡面設計及所有生產改裝作業。

要將 Apple 供應鏈移回美國，有多少問題要解決：

A. 員工薪資　　B. 勞工法規　　C. 環保要求　　D. 土地取得

E. 稅費減免　　F. 遷廠費用　　G. 生產效率　　H. …

全球化浪潮

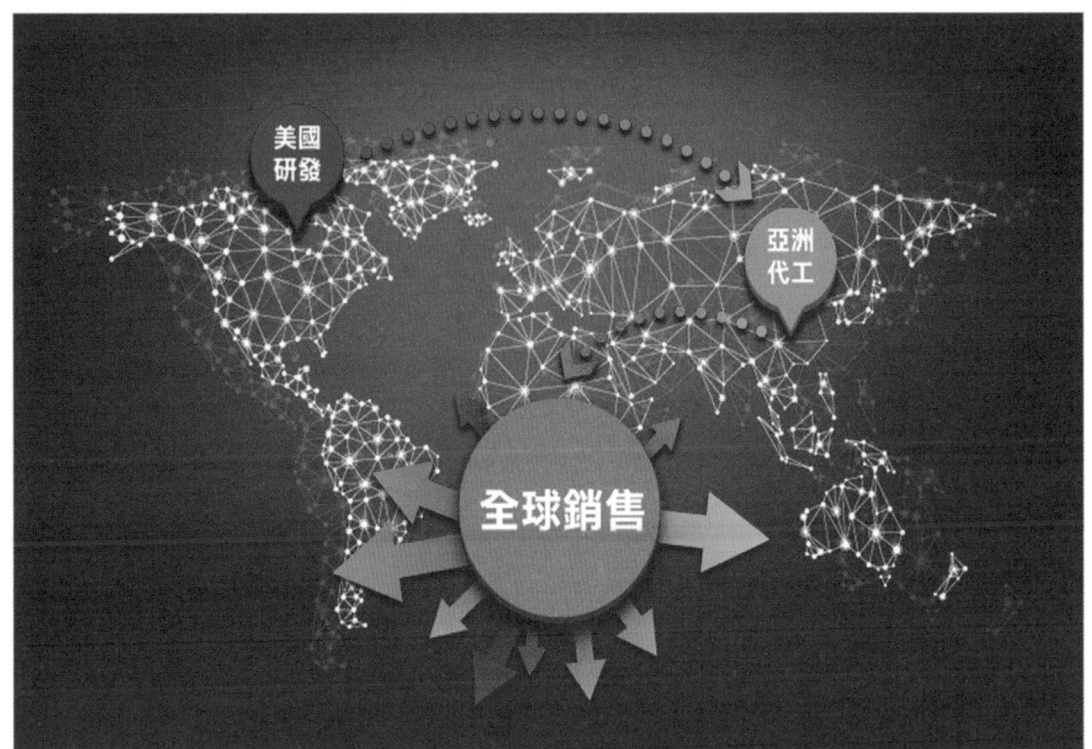

【水往低處流】是大自然的定律,【人往高處爬】是資本主義下人性的定律, 【企業逐利】更是商業的基本法則,全球化企業在擴展企業版圖時,將分 4 階 段推進:

全球行銷	在世界各地攻城掠地。
在地生產	為了強化全球各市場的在地服務、降低關稅、避免貿易壁壘的必要作為。
世界工廠	為進一步降低成本→提高毛利,將低階零件、物料委由勞動力低廉國家代工,台灣→中國→越南就是前後任的世界工廠。
全球研發	隨著產業多元化發展,原本設置在企業總部的研發中心,也逐步擴散到全球,例如:Tesla 到德國設立研發中心,著眼的就是德國先進的造車工藝,全世界各大企業都在美國矽谷成立研發中心,更是著眼於矽谷的產業資訊、頂尖人才。

貿易大戰：全球供應鏈移轉

美國為了瓦解共產勢力，採取的策略是：「以經濟發展帶動政治轉型」，因此於 2001 年協助中國加入 WTO（世界貿易組織），20 年來中國經濟快速發展，但對於加入 WTO 的承諾（公平貿易）卻置若罔聞，憑藉其廣大的 14 億人口市場，對於進入中國市場的外國企業實行諸多不平等作為。

身為全球第 2 大經濟體，中國的【強國夢】開始發酵，在各個領域發展中開始向美國叫板，美國霸權當然不是吃素的，絕對要將中國的【強國夢】扼殺於搖籃之中，因此發動了一系列的：貿易戰→金融戰→科技戰，所有廠商紛紛從中國撤資、撤廠，壓倒駱駝的最後一根稻草居然是【新冠肺炎】，中國世界工廠的角色正式畫下終點，東南亞的越南、印尼、印度將取代中國成為世界工廠。

 案例：新冠肺炎

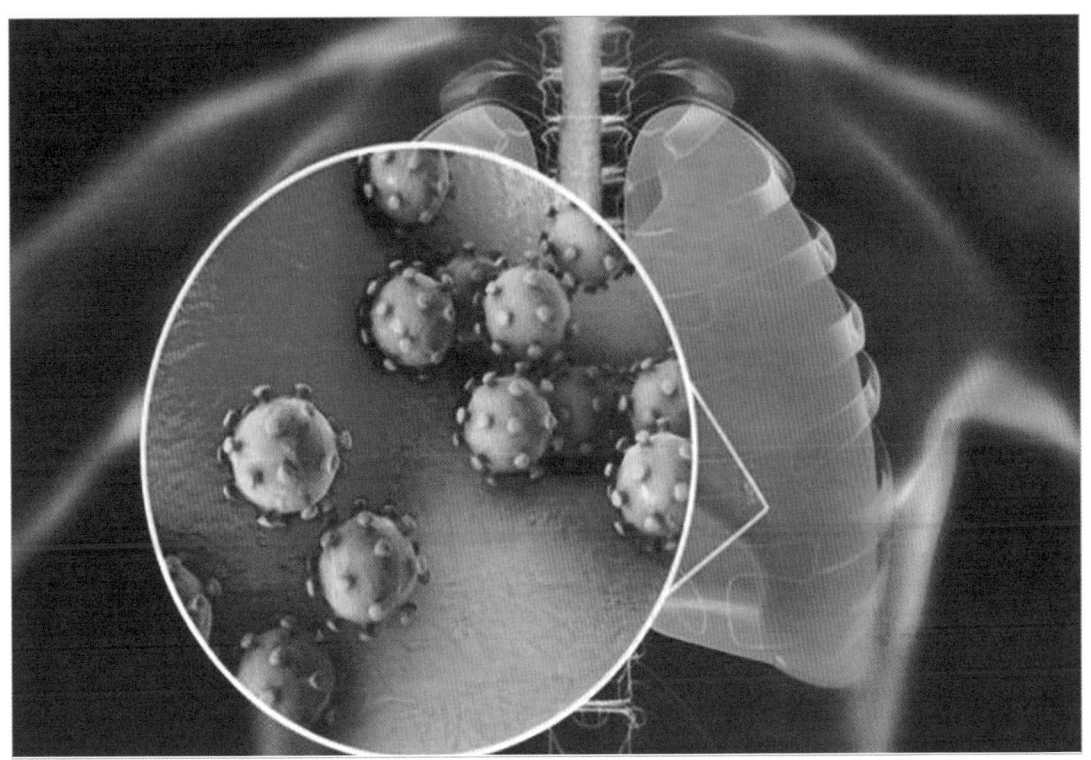

新冠肺炎在 2019 年 12 月於中國武漢市發現，隨後在 2020 年初迅速擴散至全球多國，逐漸變成一場全球性大瘟疫，群聚感染是最主要的感染途徑。

學校上課、搭機旅遊、辦公會議、體育賽事、卡拉 OK、餐廳用餐、商店血拼、…，都是群聚行為，我們的日常生活受到嚴重影響，商業行為受到限縮→經濟衰退，各國政府團隊的危機應變能力受到嚴拒的考驗，企業 CEO 的商業決斷受到檢驗，裁員減薪更讓每個受薪階級重新思考職涯規劃。

疫情讓多數的工廠停工，口罩、原料藥這些熱門物資，價格飛漲，甚至有些國家禁止稻米出口，台灣也因為【國安】考量禁止口罩出口，承平時期商人逐利，全球化分工是必然的趨勢，先進國家都將低價物資外包到落後國家生產，以口罩為例：低階口罩在台灣已無人生產，以原料藥為例：美國已全數外包給印度、中國，疫情爆發進入戰爭模式，這些國安相關物資考驗各國政府產業調整策略。

疫情 vs. 全球化

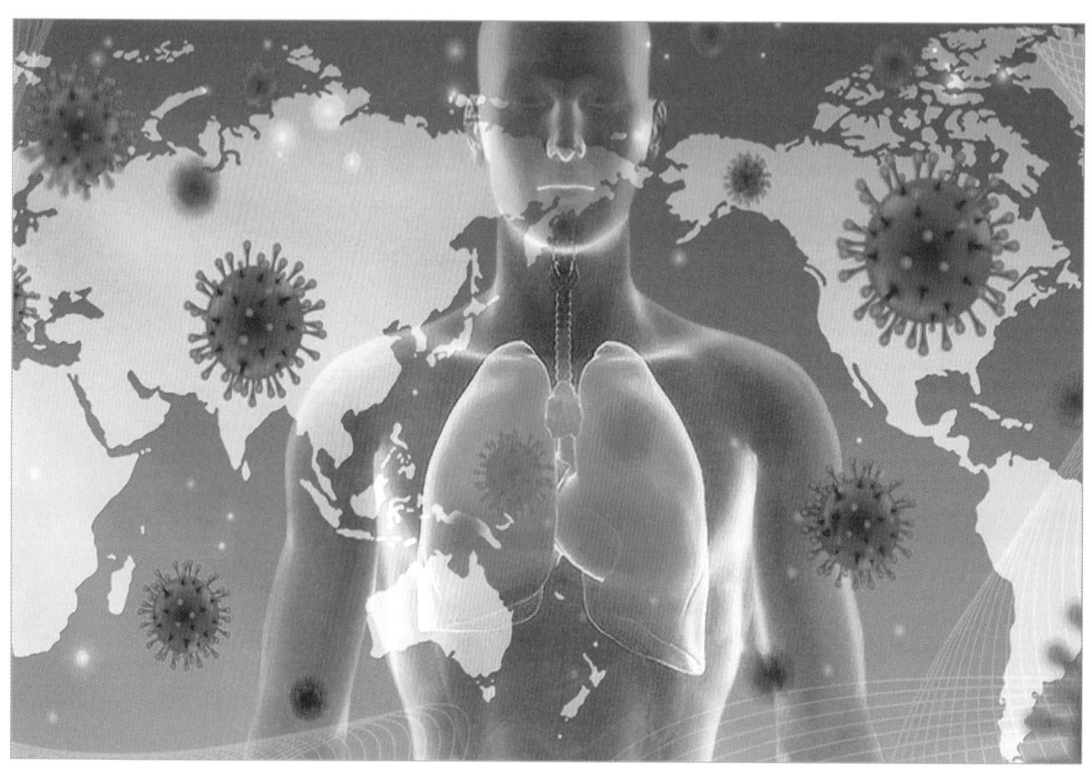

新冠疫情爆發後，各國關閉邊境禁止人員往來，全球化企業的運作受到嚴重的考驗：人員無法交流、買方無法考察賣方、商業談判無法面對面進行，商展被迫取消、…。

以上這一切都是世界末日的徵兆？奇怪的是代表美國科技的 FAANG（臉書、蘋果、亞馬遜、谷歌）的股價卻屢創新高，疫情影響了實體經濟，卻成就了網路經濟，疫情只是影響商業行為，迫使消費者改變消費習慣，加速網路經濟的發展。

2003 全台灣壟罩在 Sars 病毒的恐慌中，台灣與中國的交流全面中斷，在中國設廠的台商，接受日本訂單在中國生產的台商，以前靠著老闆、業務、秘書密集的三地互飛→開會、翻譯、採購、…，一時間全部停擺，沒多久視訊會議系統崛起，打破了【見面】才能談事情的常規，科技為商業找到另一條出路，目前 Zoom（視訊會議）系統又因疫情紅遍全球，商業行為改變了，全球化是不會停止的！

巨人的阿基里斯腱

ERP 企業資源規劃探討 2 大主題：作流程合理化、資源配置合理化！

美國稱霸全球已有數十年，無論在政治、經濟、科技、軍事，都無人能出其右，就如同希臘第一勇士阿基里斯一般神勇無比，但阿基里斯的後腳踝卻是他的致命點，而新冠疫情就是超級強權美國的阿基里斯腱。

美國前總統川普為了拚選舉，帶頭違反美國疾管局制定的防疫策略，造成美國目前疫情嚴峻：全球感染新冠肺炎人數、死亡人數全球之冠，各地政府陷於開放與管制的兩難泥淖中，美國的醫學、美國的法律、美國人的法治觀念都是首屈一指，卻因為一個非典型總統：漠視專家意見、帶頭違法、破壞體制，讓美國陷入立國以來最大危機。

防疫應對 SOP 是多年積累、安定人心的優化作業流程，但對政客而言卻是無足輕重，口罩、原料藥是基本的戰略物資，雖無經濟效益，卻是國家安全的根本，這兩件事都是各國政府在經過疫情後需要重新省思的！

世界工廠關張

台灣曾經是世界工廠,也讓台灣脫離貧窮,付出代價是環境汙染、全民健康,有錢之後必然重視健康、惜命,因此環保訴求高漲,人工、土地不再便宜,獎勵外資投資方案不再毫無限制,內資、外資都將工廠遷出台灣。

1979 年鄧小平改革開放,讓中國成為世界工廠,也讓中國脫離貧窮,中國經濟、產業發展的軌跡與台灣幾乎是一致的,因此想擺脫世界工廠(低所得、高汙染),並積極轉型為世界市場。

產業發展是國家力量的全面整合,必須務實地由:教育、研發、法律、公民道德、…,各層面齊頭並進,若天天談彎道超車,政府帶頭竊取商業、軍事機密,基礎科研乏人問津,知識產權不被當一回事,國家發展絕對是空談,台灣製造業外移 30 年後,產業轉型已初見成效,製造業也逐漸提升為少量多樣的彈性生產模式,積極切入利基市場,擺脫中國的低價競爭。

✖ 習題

( ) 1. 在【資訊系統的演進】單元中，有關 ERP 的敘述，以下哪一個項目是錯誤的？

    (A) 是一套製造生產業管理系統

    (B) 是一套根據市場需求不斷演進所產生的系統

    (C) 整合供應鏈上、中、下游廠商協同作業

    (D) EERP 應改名為供應鏈資源規劃

( ) 2. 在【時代的演進】單元中，有關於產業變遷，以下哪一個項目的演進順序是正確的？

    (A) 農業 → 知識經濟 → 輕工業 → 重工業

    (B) 農業 → 輕工業 → 重工業 → 知識經濟

    (C) 知識經濟 → 農業 → 輕工業 → 重工業

    (D) 知識經濟 → 輕工業 → 重工業 → 農業

( ) 3. 在【生產管理的演進】單元中，有關於生產模式的演進，以下哪一個項目的演進順序是正確的？

    (A) 少樣多量 → 少樣少量 → 大量客製 → 多樣少量

    (B) 少樣少量 → 多樣少量 → 少樣多量 → 大量客製

    (C) 少樣少量 → 少樣多量 → 多樣少量 → 大量客製

    (D) 少樣多量 → 少樣少量 → 多樣少量 → 大量客製

( ) 4. 在【名詞解釋：大量客製】單元中，以下哪一個項目是錯誤的？

    (A) 大量導致產品的模式化、標準化

    (B) 客製化意味著少量生產

    (C) 資訊網路是大量客製的成功關鍵

    (D) 大量客製是矛盾不成立的

( ) 5. 在【名詞解釋：彈性生產】單元中，以下哪一個項目是錯誤的？

    (A) 工業 4.0 是批次生產模式

    (B) 依訂單生產可大幅將低庫存積壓

    (C) 彈性製造系統大量使用多功能機器人

    (D) Dell 就是彈性生產的始祖

( ) 6. 在【名詞解釋：快速反應】單元中，有關於快速反應的敘述，以下哪一個項目是錯誤的？

(A) 是對消費者需求做出快速反應

(B) 是美國軍方發展起來的一種供應鏈管理方法

(C) 整合零售商與供應商

(D) QR = Quick Response

( ) 7. 在【名詞解釋：衛星工廠】單元中，有關中衛體系的敘述，以下哪一個項目是錯誤的？

(A) 以大企業為中心的網路體系

(B) 中衛體系以汽車製造業最為明顯

(C) 台灣缺乏中衛體系

(D) 為大企業提供高度的生產彈性

( ) 8. 在【名詞解釋：全球生產】單元中，有關全球分工敘述，以下哪一個項目是錯誤的？

(A) 生產外包給發展中國家的工廠

(B) 降低生產成本

(C) 技術要求較低的工序外移到發展中國家進行

(D) 本土企業總部只負責研發

( ) 9. 在【資訊系統演進】單元中，有關 ERP 系統的演進，以下哪一個項目的演進順序是正確的？

(A) MRP → MRP II → ERP → EERP

(B) ERP → EERP → MRP → MRP II

(C) EERP → ERP → MRP → MRP II

(D) MRP → MRP II → EERP → ERP

( ) 10. 在【MRP：物料需求規劃】單元中，以下哪一個項目是錯誤的？

(A) MRP 運用在早期的工廠自動化

(B) 運用在多樣大量的生產模式

(C) 降低採購成本

(D) 確保物料供給無虞

（　）11. 在【Bill Of Material 物料表】單元中，以下哪一個項目是錯誤的？

(A) Lead Time 採購前置期

(B) BOM 表是物料管理的基本

(C) BOM 表只是產品成本計算的參考用途

(D) 若 BOM 不正確，將造成生產製程一團混亂

（　）12. 在【MRP 模擬計算】單元中，「訂單：出貨日期 8/20，出貨量 100pcs」，以下哪一個項目是錯誤的？

(A) 需在 8/19 完工

(B) LT = 5 天，8/14 開始生產

(C) 組裝原料需要 10 天，8/3 必須發出採購單

(D) 加入天災人禍估計，必須隨時備妥原料

（　）13. 在【我的人生…持續空轉中】單元中，以下哪一個項目不是 BOM 表變更的因素？

(A) 工程師回扣　　　　　　(B) 成本

(C) 品質　　　　　　　　　(D) 交期

（　）14. 在【案例：斷鏈危機】單元中，有關天災對全球供應鏈所產生的影響，以下哪一個項目是錯誤的？

(A) 成本考量的分工模式受到考驗

(B) 全球分工模式無可撼動

(C) 戰略性物資回歸母國生產

(D) 供應鏈將重新整合

（　）15. 在【MRP II：製造資源規劃】單元中，以下哪一個項目不是 MRP II 擴充的項目？

(A) 人力需求　　　　　　　(B) 物力需求

(C) 研發需求　　　　　　　(D) 財力需求

（　）16. 在【案例：人力資源管理】單元中，有關貝佐斯法案的敘述，以下哪一個項目是錯誤的？

(A) Amazon 被員工指控黑心壓榨

(B) 員工申請低薪補助，企業得繳稅買單

(C) Amazon 物流中心基本時薪調漲一倍

(D) 讓 Amazon 陷入經營困境

( ) 17. 在【ERP：企業資源規劃】單元中，ERP 系統是在 MRP II 架構下擴充 3 個模組，以下哪一個項目不是 3 個模組之一？

(A) 生產自動化
(B) 銷售與分配
(C) 研究與發展
(D) 會計作業

( ) 18. 在【EERP：延伸型 ERP】單元中，以下哪一個項目的敘述是錯誤的？

(A) 串聯上游的 SCM 供應鏈管理系統
(B) 併購上、下游企業形成垂直整合
(C) 串聯下游的 CRM 客戶關係管理系統
(D) 上、中、下游企業間形成一個團隊

( ) 19. 在【案例：供應鏈管理】單元中，以下哪一個項目是錯誤的？

(A) 太平盛世下企業考慮的是：短期獲利
(B) 遇到危機時，企業考慮的是：生存
(C) 新冠疫情讓全球大廠堅信中國生產的必要性
(D) 全球化分工的供應鏈協作模式正在產生質變中

( ) 20. 在【案例：APPLE 神話】單元中，以下有關 APPLE 的敘述哪一個項目是錯誤的？

(A) 是時尚業
(B) 是科技業
(C) 是創新模範企業
(D) 是以高獲利聞名的企業

( ) 21. 在【New York Apple】單元中，有關 Apple 展示中心的敘述，以下哪一個項目是錯誤的？

(A) 是一個很炫的賣場
(B) 是一種全新的通路概念
(C) 是 O2O 虛實整合
(D) 展示而不販賣

（　）22. 在【APPLE 價值鏈】單元中，以下哪一個項目是錯誤的？

(A) Apple 只作：研發、行銷

(B) Apple 供應鏈廠商都吃香喝辣的

(C) Apple 採取多供應商策略

(D) 台積電毛利 40% 以上

（　）23. 在【台灣產業外移】單元中，有關產業聚落轉移的敘述，以下哪一個項目是錯誤的？

(A) 符合經濟學供給需求關係

(B) 台灣產業是日本轉移過來的

(C) 中國產業是內需導向型

(D) 日本產業是美國轉移過來的

（　）24. 在【產業轉移的見證】單元中，以下哪一個項目是錯誤的？

(A) 鄧麗君是中國產業發展的見證

(B) 鳳飛飛是台灣產業發展的見證

(C) 老鄧指的是鄧小平

(D) 投資中國的重要因素是產業前景

（　）25. 在【世紀對話】單元中，有關蘋果供應鏈的敘述，以下哪一個項目是錯誤的？

(A) Jobs 是愛國企業家，答應遷廠回美國

(B) Obama 要求 Jobs 遷移 APPLE 工廠回美國

(C) 中國的生產效率遠高於美國

(D) Obama 是為了解決美國失業問題而提出要求

（　）26. 在【全球化浪潮】單元中，以下哪一個項目是錯誤的？

(A) 在地生產是為了降低貿易壁壘

(B) 全球行銷是著眼於分散風險

(C) 世界工廠是為了提高毛利

(D) 全球研發是著眼於當地產業特色

（　）27. 在【貿易大戰：全球供應鏈移轉】單元中，以下哪一個項目是錯誤的？

(A) 中國對外國企業實行諸多不平等作為

(B) 貿易戰始於中國的強國夢

(C) 中國對 WTO 貢獻良多

(D) 東南亞國家將成為世界工廠

( ) 28. 在【案例：新冠肺炎】單元中，有關全球疫情氾濫，以下哪一個項目是錯誤的？

(A) 口罩是戰略物資

(B) 原料藥是戰略物資

(C) 稻米是戰略物資

(D) 各國應趁機加強出口占領市場

( ) 29. 在【疫情 vs. 全球化】單元中，以下哪一個項目是錯誤的？

(A) 新冠疫情將終止全球化趨勢

(B) Zoom 系統因疫情紅遍全球

(C) 疫情成就了網路經濟

(D) Sars 病毒造就視訊會議系統崛起

( ) 30. 在【巨人的阿基里斯腱】單元中，課文中的巨人指的是哪一個國家？

(A) 中國

(B) 美國

(C) 蘇俄

(D) 德國

( ) 31. 在【世界工廠關張】單元中，有關世界工廠的敘述，以下哪一個項目是錯誤的？

(A) 台灣關閉世界工廠是短空長多

(B) 中國想轉型為世界市場

(C) 世界工廠是一種榮譽

(D) 低所得、高汙染

ERP 導入

《勸學詩》　　　　　　　　宋真宗

富家不用買良田　　書中自有千鍾粟
安居不用架高堂　　書中自有黃金屋
娶妻莫愁無良媒　　書中有女顏如玉
出門莫愁無人隨　　書中車馬多如簇
男兒欲遂平生志　　五更勤向窗前讀

從古到今，我們的生活中就充斥著行銷用語，白話文就是「騙很大」！為了要勸人讀書，連皇帝老子都親自操刀作了首「勸學詩」，透過老師、家長們的千年傳頌，「書中自有黃金屋，書中有女顏如玉」深植人心，「讀書」也被定義成為「追求名利最佳的工具」，因此今天我們看到小小的台灣居然有超過 170 所大專院校，全民皆大學生，最後回歸經濟學供需原理：「高學歷→高失業率」，台大畢業證書上有寫保證就業嗎？

街頭巷尾的招租廣告都寫著【黃金店面】，既然是黃金店面又何須招租，應該是求租不得者扼腕歎息，因此這一切就是行銷手法！

導入 ERP 效益

公司	工作	導入前	導入後
Autodesk	商品送達	2週	1天 (98%商品)
IBM	重新訂價	5週	5分鐘

同樣的，賣 ERP 的廠商也是賣力行騙，例如：「導入 ERP 的好處？」，制式的 ERP 廠商的官方文宣就會列出如上方的績效比較表。

果真買一套軟體就可以提升績效？那還需要：管理、策略、研發嗎？很顯然的，這是行銷！更是行騙！

上圖的績效改進比較表，就是以 KPI（主要績效指標）來呼嚨客戶，這是一種只講結果，不講原因、過程的粗暴行銷方式，然而 ERP 的真正價值卻在於：發現問題→優化過程，但這卻是一個 Long Story，必須有經驗的客戶才懂得慢慢體會、欣賞！

美麗的秘密

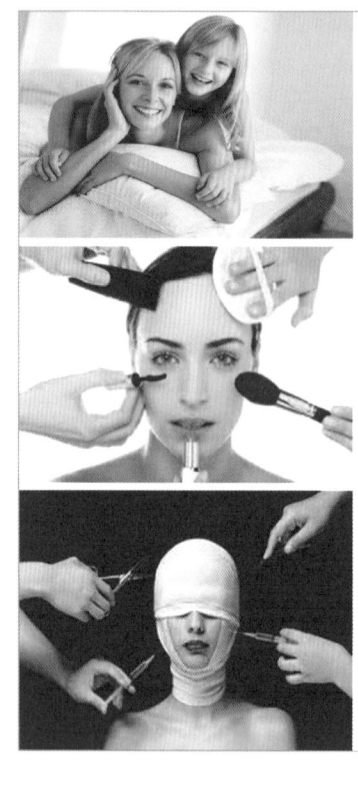

經過時代的演進,「行騙」甚至在學術上成為顯學,學名為「行銷」,還有一個洋名子「Marketing」,例如:在廣告中女模拿著養生食品,聲稱使用該產品就會如她一樣妖嬌美麗,其實所有人都知道,女模妖嬌美麗的可能原因如下:

⊙ 優良遺傳的基因:爸媽長的美、身材好。

⊙ 後天的運動保養:控制飲食、勤運動。

⊙ 外力的修整補強:外科整型、雕塑。

女模代言費幾百萬、幾千萬、甚至上億,而消費者呢?就算喝下一卡車的養生食品,也只能得到心靈的撫慰,儘管騙很大,產品還是狂銷,這證明了一點:「行銷可以填補消費者的心靈缺陷,因此永遠會有市場」。

✖ 醫管 vs. 企管

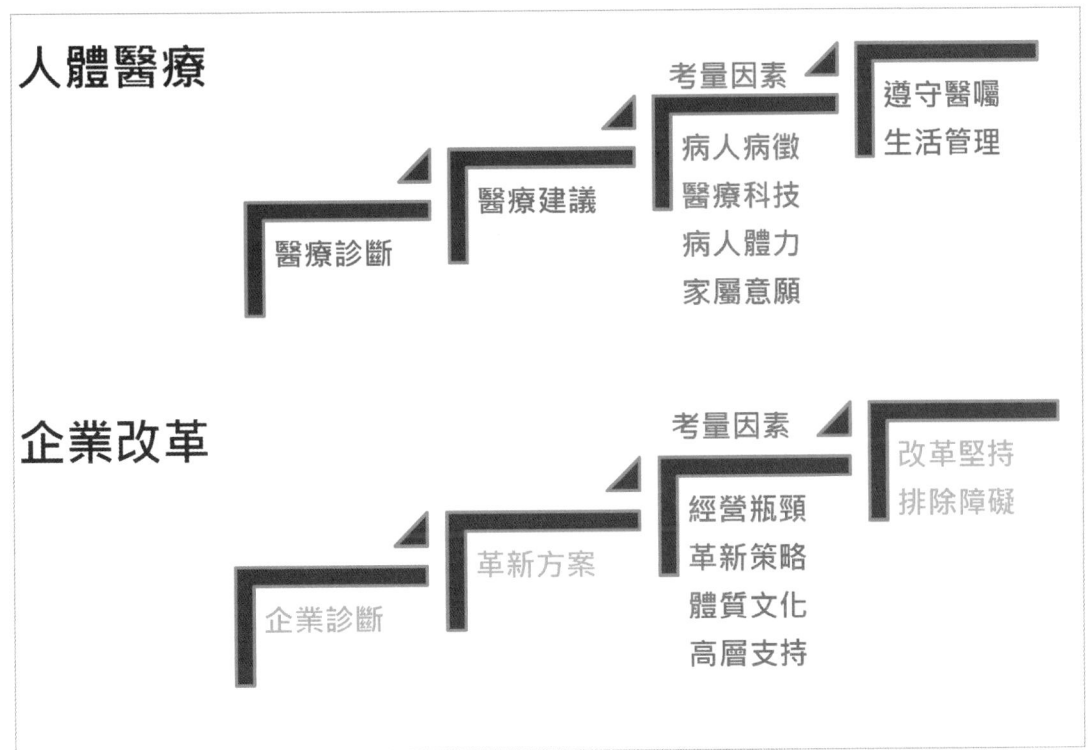

導入 ERP 真正的效益在於改善企業體質，是醫療行為，追求的是長期效果，而不是吃興奮劑、吸毒，一帖見效。

企業的體質就猶如人體的健康，是由每一天的運作所積累出來的，企業經營績效不佳，就如同人的健康亮紅燈，企業的改革也可類比人體的醫療，請見上表比較。

導入 ERP 是一個完整的療程，完成療程之後還必須根據醫囑持之以恆，導入 ERP 也是企業管理的一種方法與手段，隨著企業內在、外在環境的改變，作業標準化、流程合理化、組織架構整合等管理作為也必須持續進化。

為何要導入 ERP？

| MRP
物料需求
規劃 | → | MRP II
製造資源
規劃 | → | ERP
企業資源
規劃 | → | EERP
延伸型
ERP |

柳傳志的精典名句：

不上ERP是等死
上ERP是找死

ERP 的演進是根基於市場的改變、消費者的改變，因此這是一個周而復始的循環，是永遠做不完的作業，企業一旦停下進步、改革的腳步，就會被市場淘汰，我們引述中國 IT 教父柳傳志的精典名句：不上 ERP 是等死，上 ERP 是找死。

在產業高度競爭及全球化的經營模式下，整合性的資訊系統是企業經營的必要工具，缺乏即時、正確的經營資訊，企業經營者就如同瞎子騎馬一般，因此不上 ERP 是等死，ERP 必須跨部門整合，若沒有一套讓所有部門可以協調整合的標準程序，貿然導入 ERP，就如同缺乏訓練的 15 人 16 腳活動，所有人綁住手腳後大步邁進的結果就是摔得人仰馬翻，因此未完成程序優化的企業導入 ERP 是找死！

導入 ERP 的 3 個基本條件

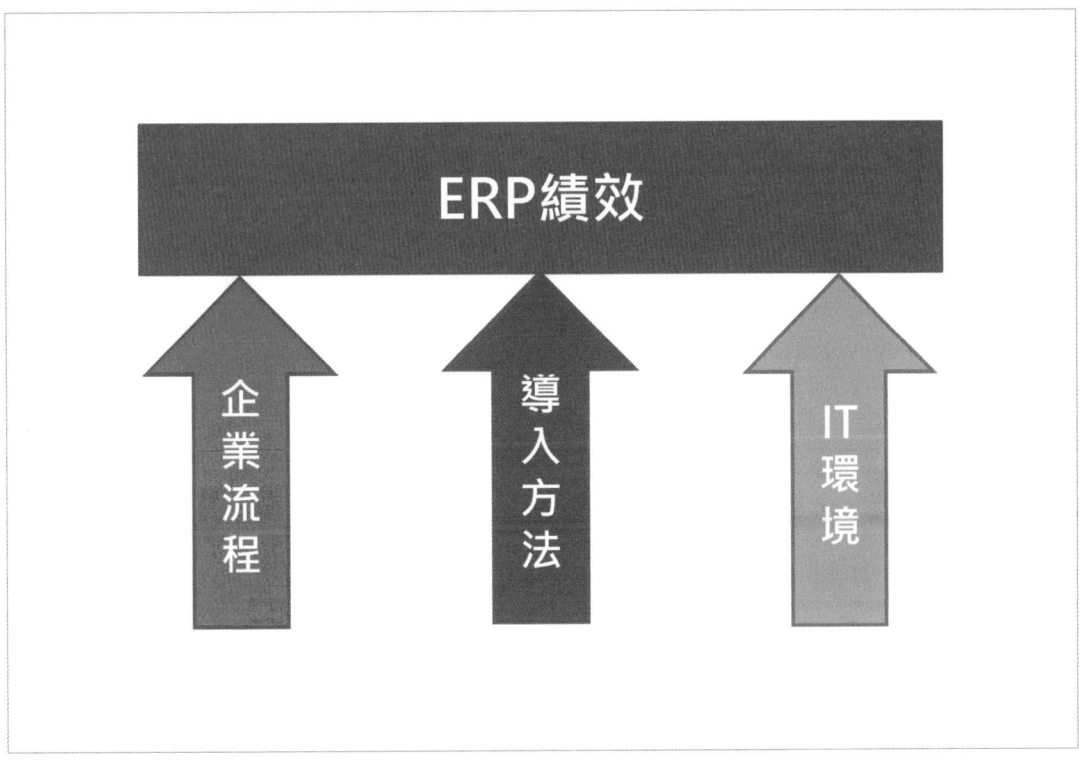

導入 ERP 的成敗取決於 3 個重要因子，如上圖：

◯〉適用的企業流程

　流程合理化是所有企業管理、革新的核心步驟，因此導入 ERP 系統前須檢視所有作業流程的合理性。

◯〉恰當的導入方法

　將新的系統導入到企業中，必須有一定的程序與方法，以保持日常運作正常進行，否則將導致第一線工作人員強大反對與不配合。

◯〉整合的 IT 環境

　一套整合型資訊系統的正常運作包含 3 個層面：

A. 軟體系統：正確性、功能設定

B. 硬體系統：效能、穩定性

C. 網路系統：安全性、穩定性、流量控管

🔀 ERP 成敗關鍵

雖然影響 ERP 導入成敗的因素很多，但這些因素的變動都是源自於「人」，請參考上圖中各個導入 ERP 系統的相關人員與角色。

影響成敗關鍵因素：

⊙ 沒有企業領導的認可，也就沒有實施 ERP 系統的前提。

⊙ 沒有專案經理的有力組織協調，很難保證 ERP 系統的順利進行。

⊙ 沒有各個實施人員的互相配合和出色工作，無法使 ERP 系統中各模組的資訊成功整合。

⊙ 沒有業務人員及時準確的輸入各種基礎資訊及日常單據，ERP 系統就不會有資訊產出。

⊙ 沒有資深諮詢顧問的流程規劃，流程瓶頸診斷，ERP 系統實施就可能在不斷的嘗試錯誤中，浪費人力、物力、時效，最後導致失敗收場。

關鍵 1：經營者觀念的變革

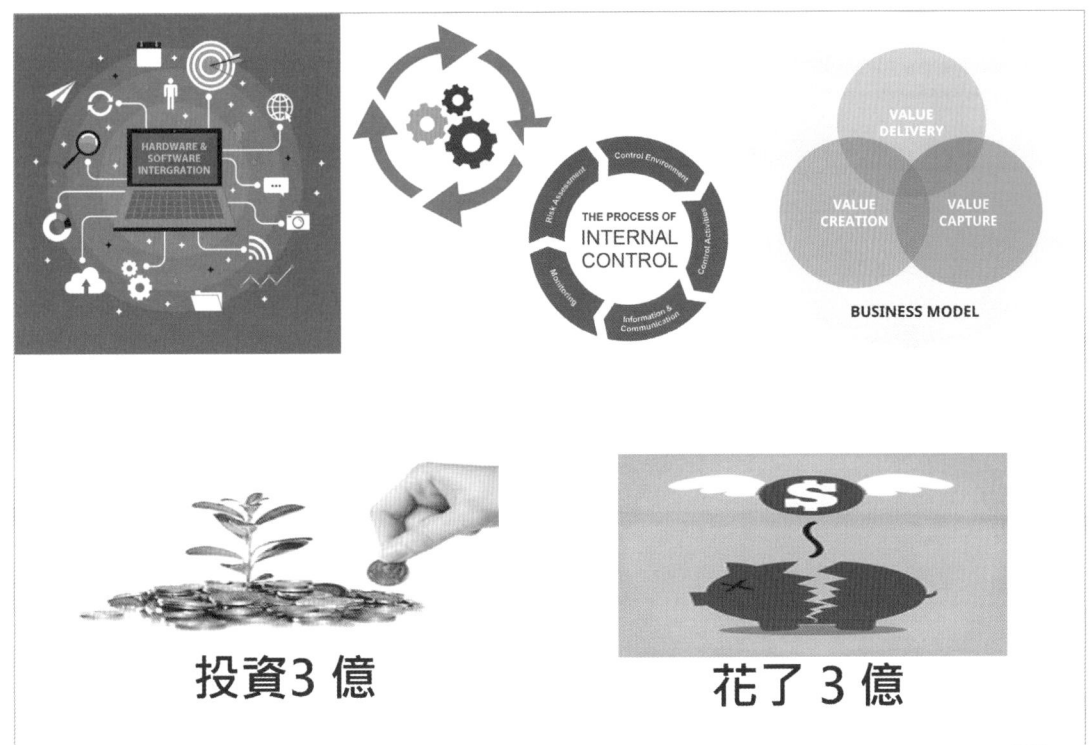

帝王統治哲學的不變哲理：「天下定→功臣誅」，因為打天下（創業）所需的人才與治天下（組織發展）的人才是不同的，帝王誅功臣是替接續的治國團隊清理改革的絆腳石，而能夠有此覺悟的君王就如同「周處除三害」中的周處，創業的經營者是企業發展過程中最大的絆腳石，因此 ERP 導入過程中，最重要的關鍵因素是「經營者觀念的變革」。

以下是我聽過的窩心小故事，與大家分享：

◎ 華碩電腦施崇棠先生，就如同一般的創業家一樣「克勤克儉」，因此他的辦公室中沒有豪華的裝潢也沒有沙發套組，只有 2 把木頭椅子供會客使用，但卻花了 2,000 萬蓋游泳池供員工運動紓壓。

◎ 鴻海郭董全世界跑透透，早期卻都是搭經濟艙，雖然勤儉持家，聘請人才時卻從不手軟，經常是 2 倍、5 倍薪資搶人。

與其他創業家不同的，兩位企業家都是嚴以律己，寬以待同仁，企業經營所需要的不是「摳門」的小聰明，而是「合理成本」的大智慧。

❌ 案例：價格殺手

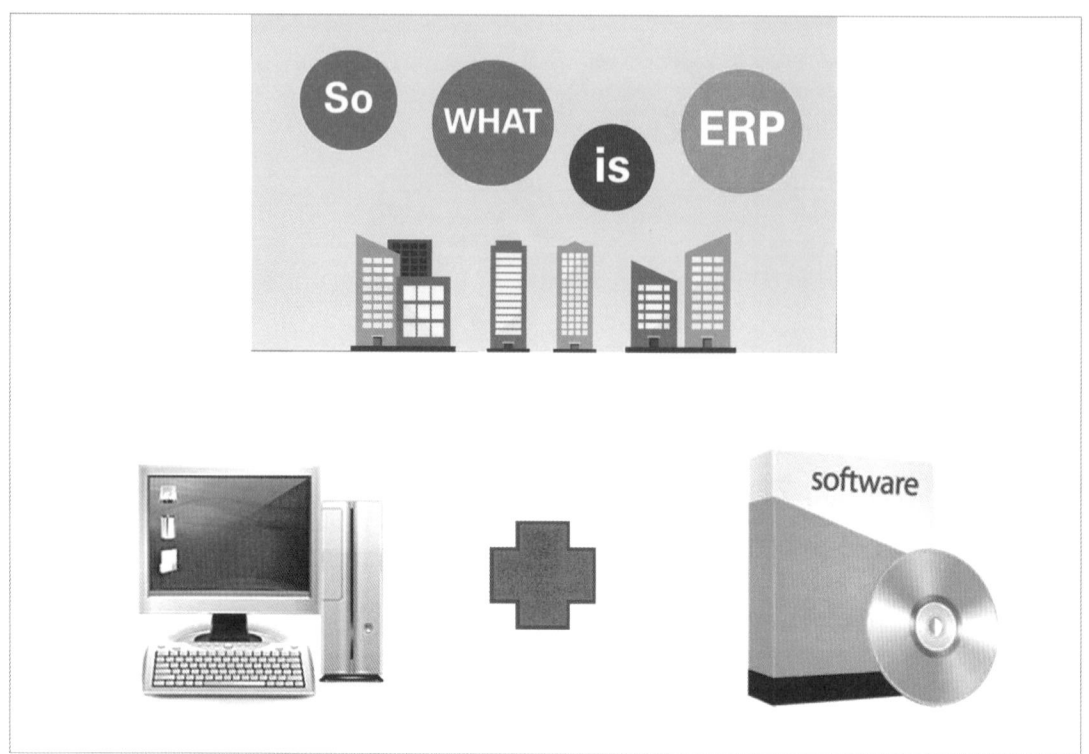

因緣際會下，ㄚ公兼任 A 飲料公司電腦顧問，花了一段時間了解公司業務，再花一短時間評估市面上軟體，建議應該購買套裝軟體，再作局部修改，建議獲得採納，打電話約軟體公司 B 業務前來做功能介紹及報價。B 業務作了系統功能介面介紹後，進入報價階段，A 總理橫眉一豎，殺伐之聲此起彼落，…，中場休息時間，B 業務私下跟我說：「ㄚ公顧問…，這種沒有利潤的交易，不做也沒有關係…。」

上面案例中我所觀察到的是：

> ⊙ 在總經理眼中，一套用以協助企業經營的軟體，就如同一包衛生紙，只有價格差異，不問品質高低。

> ⊙ 總經理認為軟體就是用來打打出貨單，算算應收帳款。

一套軟體值多少錢？軟體的功用為何？系統導入服務價值為何？不同的知識水平、生活水準、價值觀下會有完全不同的答案。

導入 ERP 包含的活動

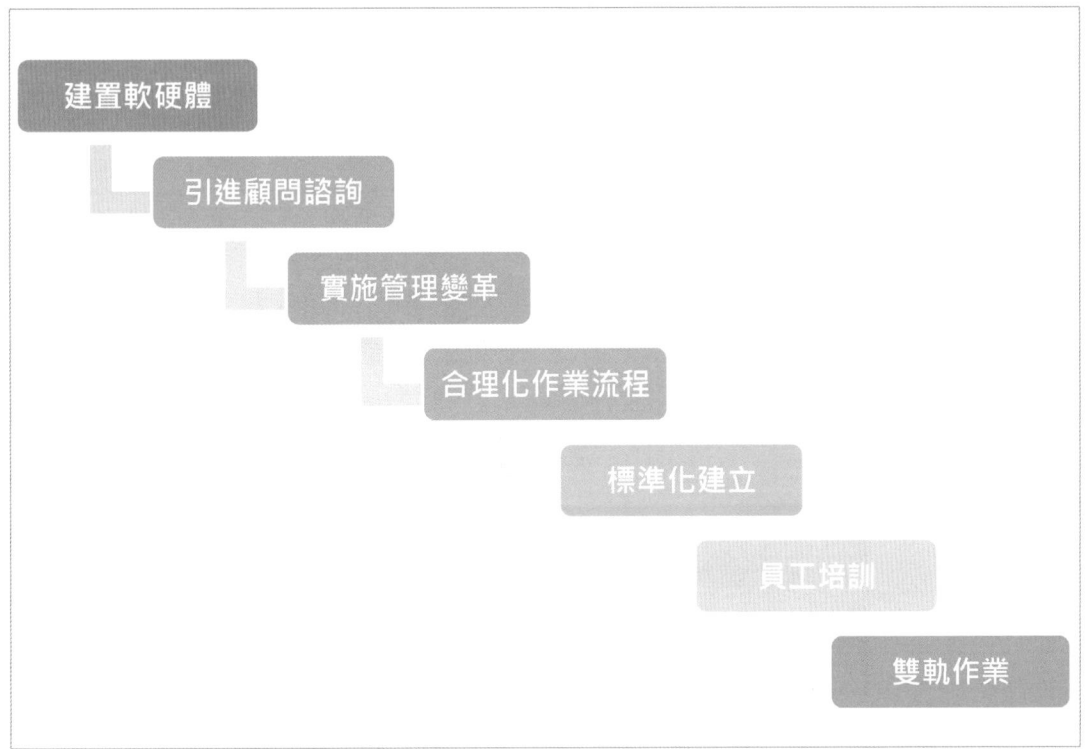

導入 ERP 包括以下活動：

A. 購買軟體、硬體、建置網路　　E. 標準化建立

B. 引進顧問諮詢　　　　　　　　F. 員工培訓

C. 實施管理變革　　　　　　　　G. 雙軌作業

D. 合理化作業流程

每一項活動都需要資金、決策的強力支援，大部分的研究報告都指出「高階主管的支持」是 ERP 的成敗的重要關鍵，但筆者卻認為「支持」必須根植於「經營理念」+「認識 ERP」。

ERP 是什麼？

(A) 硬體＋軟體？　　　　　　　(C) 硬體＋軟體＋流程＋內控？

(B) 硬體＋軟體＋流程？　　　　(D) 硬體＋軟體＋流程＋內控＋經營模式？

企業經營者或高階主管面對 ERP 時，他的認知若只是停留在選項 (A)，那就是只看到問題的冰山一角。

ERP 的內涵

對 ERP 有錯誤認知的高階主管，即使是全力支持，那也是雞同鴨講，就如同電影中常見的橋段：

有錢而沒有時間陪小孩的父母，對著變壞的孩子說：
爸媽努力工作…，讓你們衣食無缺…，你們還有什麼不滿意的…
小孩回答說：你們能給我「關心」、「愛」、「教導」、…嗎？

我們解析一下上面橋段：養小孩

⊙ 衣、食無缺可比喻為：軟體、硬體

　沒有衣、食小孩活不下去，只有衣、食小孩長不好

⊙ 關心、愛、教導可比喻為流程、內控、經營模式

　注入關心、愛、教導小孩才能有幸福的成長環境

⊙ 關心、愛、教導是很昂貴，必須花費父母的一生去經營

　同樣的，流程、內控、經營模式是企業必須不斷進化的基本功。

✖ 案例：專利、商標權

在上面「價格殺手」案例中，如果可能的話，A 總經理甚至會問我哪裡可以買到「大補帖」，Copy 一套軟體，連殺價都省了，在公司草創期，「小聰明的勤儉持家」可以提高創業公司的存活率，當公司持續發展組織變大時，「小聰明的勤儉持家」反過來成為公司進步的絆腳石，我們來檢視企業獲利方程式：

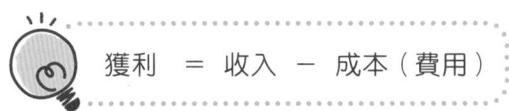

獲利　＝　收入　－　成本（費用）

方程式中改變獲利的因子有 2 個：收入、成本，公司草創時產品知名度、行銷網路尚未開展，因此「收入」不易擴大，經營者將注意力集中在「成本」控制是有意義的，但順利發展後若還是將「成本」視為第一優先：

例如：為降低成本而偷工減料將影響商譽，進而影響「收入」。

例如：為降低薪資費用，聘請缺少培訓的低薪員工，進而影響客戶服務品質。

以上 2 個案例都是極致愚蠢的。

⚡ 關鍵 2：創新企業文化

每個人工作一段時間後，就會累積一定的工作習慣與經驗，有些是對的，有些是錯的，而多數人就根據這些經驗與習慣去處理日後工作中的問題，組織由人所組成，因此組織也多半是延續著歷史經驗與法則處理日常業務。

當我們問：「為什麼 xxx 工作是如此處理呢？」，多數的人會直接回答：「以前就這樣做了！」，以前這樣做或許有當時的環境、法令、資源的限制，但現在的人卻很少因為環境的演進而去修正工作流程與方法，因為大家都不了解 xxx 工作的本質，若對於工作本質不了解，那麼又如何規劃工作的 SOP 準則，更遑論是流程合理化的革新。

中國人有句老話：「槍打出頭鳥」，因此有疑問、有看法的人，多半將事情憋在心中，因為我們的環境不鼓勵：表達、異見、創新，很多人一生就是走相同的路、做相同的事、居住在熟悉的環境，但消費者需求不斷在變，職場競爭也在變、企業競爭更在變，你跟我還過著以不變應萬變的安穩生活嗎？

案例：香蕉聘猴子 - 1

網路流傳一個故事：把五隻猴子（分別編號為：A1、A2、A3、A4、A5）關在一個籠子裡，籠子上頭有一串香蕉。實驗人員裝了一個自動裝置，若是偵測到有猴子要去拿香蕉，馬上就會有強力水柱噴向籠子，5 隻猴子都會被修理得很慘。

首先 A1 猴子伸手去拿香蕉，水柱立刻噴出，5 隻猴子都會被水柱狂噴一頓。A2、A3、A4、A5 猴子分別去嘗試，下場也都一樣。於是猴子們達到一個共識：「不可以拿香蕉」，因為會被水柱修理。

實驗人員拿一隻新猴子 B1 換掉舊猴子 A1。新猴子 B1 關到籠子裡後看到香蕉，也立刻伸手去拿。結果被舊猴子 A2、A3、A4、A5 聯手海 K 一頓，因為舊猴子認為新猴子會害牠們被水柱攻擊，所以制止新猴子 B1 去拿香蕉。新猴子 B1 嘗試了幾次，都被打的滿頭包，當然就學乖了：「不可以拿香蕉，否則會被海 K⋯」。

✖ 案例：香蕉聘猴子 - 2

實驗人員再以一隻新猴子 B2 替換舊猴子 A2，這隻新猴子 B2 關到籠子裡看到
香蕉，當然也是馬上要去拿，結果也是被其他四隻舊猴子海 K 一頓。那隻 B1
猴子打的更是特別賣力。新猴子 B2 試了幾次總是被打的很慘，只好作罷。

經過 5 輪更替後，所有的舊猴子 A1、A2、A3、A4、A5 都換成新猴子 B1、
B2、B3、B4、B5 了，因此留在籠子內的猴子都不知道「動香蕉會水柱狂噴」。
實驗人員把強力水柱撤除了，所有猴子還是不敢去動香蕉，因為他們的認知
是：「動香蕉會被海 K 一頓」。

俗語說：「家有一老，如有一寶」，這是說明「經驗」的重要性，但資深員工
果真是公司之寶嗎？每次遇到經濟不景氣裁員時，被解聘的都是「資深」員
工，因為他們的薪資較高，許多人會發出同情的聲音，如果理性的回到經濟
法則：薪資＞生產力→ 超領薪資 → 被裁員機會提高！

✖ 案例：香蕉聘猴子 - 3

也就是說老闆覺得「資深」員工薪資很高，卻無法提供相對的生產力，但某些特殊案例中，資深員工屆齡退休後還被原公司聘回擔任顧問，大部分的消費者面對「便宜」的商品是很難拒絕的，因此老闆解雇「資深」員工也是合理的經營手段。

在上面「猴子的傳統」案例中，每一隻猴子都屈服於環境，放棄探討真相，久而久之，新猴子與老猴子都是無知的，一般企業中的從業人員不都是犯了這種毛病嗎？十年媳婦熬成婆的過程中，資歷讓員工變得順從，資歷並沒有讓員工增長智慧，這也就是一般中小企業的企業文化與傳統，因此猴子的故事不斷的上演。

員工培訓是必須付出代價的，首先要作的是「允許員工犯錯」，接著才是「鼓勵員工創新」，在創新的過程中更要打破「階級」障礙，讓員工的才能與創意得以滋長，唯有讓員工增加對企業組織的認同感，才能提升員工對於導入 ERP 的參與感，把公司的事當成自己的事，把公司的發展當成個人事業的發展，在嶄新的企業氛圍下，ERP 導入的各項管理變革才可能順利進展。

⚡ 案例：你不要嫌我憨慢⋯

筆者年輕時曾任職某老牌汽車公司，由於正值台灣經濟起飛，又受到商用車管制進口的法令保護，市場上商用車輛供給量遠低於需求量，因此業務員不需要出去賣車，只要坐在公司裡等訂單即可，來買車的人有 2 種：

1. 拿武士刀來買車，不賣我就砍你。

2. 捧新台幣來買車，不賣我就跪你。

隨著經濟的發展，進口管制漸漸鬆綁，進口車商變多了，競爭自由化了，但公司的業務員也漸漸喪失賣車能力了，市占率由 90% 下降至 19%，公司也開始虧損了，薪資、福利都變差了，這時公司內流傳著 2 句話：

　　我（員工）不要嫌你（公司）薪水低

　　你（公司）也不要嫌我（員工）憨慢⋯

董事長知道後，氣得跳腳，下令追查流言的來源⋯。

關鍵 3：慎選顧問

某某軟體公司的顧問爛透了

顧問的時薪多少？

每小時2,000元ㄟ

是美金嗎？

老師...你莊孝維喔...

導入 ERP 系統時，由於系統複雜，再加上牽扯到作業流程的變革，因此多數會聘請諮詢顧問協助 ERP 導入工作，顧問的任務如下：

⊙ 指導整個專案的：人力、物力、財力、時間配置。

⊙ 與高層經理人溝通，取得必要的協助、支援，排除障礙。

⊙ 指導 MIS 部門，正確完成各項系統設定。

⊙ 與各專案負責人協調軟體作業流程與實務作業流程的配合、整合。

⊙ 擬定新、舊系統交替作業辦法。

能夠很專業的完成以上所有任務的稱為「超人」，要能統籌所有資源、要能說服長官、要能精通系統、要能了解各部門作業流程、要能控制專案進度、要能…，幾乎是無所不能了！

顧問可能是一個人，也可能是一個團隊，有的在某些領域很專業，有的只剩一張嘴，由於整個社會對於顧問的價值認同不夠高，因此顧問服務這個行業目前在台灣的發展尚未成熟，專業度差異也相當大。

案例：黑人牙膏

30 年前，黑人牙膏是台灣牙膏的第一品牌，市佔率高達 7～8 成，業績成長遇到了瓶頸，因此由國外高薪聘請一位企管顧問，希望能為公司的業績成長提出解決方案。

顧問到了台灣後，展開一連串的活動：參觀工廠→聽取簡報→人員會談→到市場去逛逛…，最後提出的解決方案：「將牙膏的開口加大一倍」。

30 年前這個解決方案價值 2,000 萬，有效嗎？業績立刻提升 50%，老闆直說 2,000 萬太便宜了。在黑人牙膏創業時，一般百姓的生活是很困苦的，因此大都勤儉持家，所以牙膏的開口必須做小一點，以免浪費，當黑人牙膏到了成熟期時，百姓生活已漸漸富裕，因此不會計較多擠一點牙膏，反而覺得牙膏開口太小，要擠 2～3 次不方便，開口加大後，每個家庭對牙膏的消費量立刻提高，這是因為牙膏的價格不高（價格彈性低），因此不會影響消費者購買意願。

顧問 vs. 顧門

顧問

顧門

> 第一個案例的顧問：一小時 2,000 元，成效不彰…
> 第二個案例的顧問：一句話 2,000 萬，物超所值！

市場上有 2 種極端的消費者，舉例而言：

一個名牌包 5 萬元，另一個仿製的 A 貨包 500 元，有的人寧缺勿濫，存了 1 年的錢就為了一個名牌包，另外一些人貪便宜，專買路邊 A 貨包，2 種人都有看起來不錯的包包，但品質卻有很大差別。

前面案例中，學生公司所聘請的顧問，每小時台幣 2000 元，依我看那不是顧問而是顧門，是少了一個「口」的顧問，也就是沒有諮詢功能、無法整合資源、無法提出解決方案的顧問，我將顧問所提供的服務分為三個層次：

> 技能：熟悉 ERP 系統功能設定，負責操作人員教育訓練。
> 經驗：熟悉 ERP 專案各階段作業，負責協調各部門整合。

✳ 顧問團隊

⊙ 方案：

具有超強說服力	說服老闆，取得實質的支持與配合。
了解產業特性	在 ERP 專案上線作最好的資源配置、時程安排，避免員工的挫折感，並降低工作負荷。
實務流程的專業度	在系統流程與實務流程的整合上可以提供可行的解決方案，將會大幅提高各部門的配合度，並降低 ERP 推展的阻力。

ERP 是個牽涉實體作業整合的複雜系統工程，最順利的導入時間也長達 6 個月以上，ERP 導入是一項相當專業的工作，是經驗與智慧的累積，是無法僥倖的，因此顧問的價格，必然是一分錢、一分貨，價格高的顧問不見得能成功導入系統，但價格低的，你也不用抱有太多不切實際的幻想。經營者必須考量的不應該是顧問價錢的高低，而是系統導入失敗後，人力、時間的代價將百倍於顧問的費用。

✖ 關鍵 4：培養跨部門整合人才

部門合作不能光是喊口號、談理想，必須將「職務輪調」納入在職訓練計畫中，一般員工都只專注在自己的工作、自己的部門，因此在與別的部門作協調、整合的時候，常會陷於「雞同鴨講」，或是堅持「本位主義」，藉由「職務輪調」制度，可以達到以下 2 個作用：

⟫ 低階員工有機會去經歷、體驗自己工作的上游作業、下游作業，對於作業流程會有完整的認識，在作業流程設計規劃上會更有同理心及說服力。

⟫ 高階員工有機會去認識協同單位完全不同的專業領域及作業模式，基於對協同部門的認識、了解，在日後的協調整合就會有「同理心」，也更能站在制高點來整合整個工作團隊，我們就舉幾個實例來說明：

◌ 將人事部門人員輪調到生產部門，那就能實際體驗三班輪值的作業情況，在設計獎懲制度時，就更能具備同理心及人性化。

◌ 將 RD 部門的工程師輪調到生產部門，在設計產品時，就更能了解生產單位實際的環境與設備的限制。

◌ 讓資訊部門的程式設計師將大部分的時間花在與各單位「聊天」，了解各部門作業流程後，設計的程式就更能具親和力。

❉ 案例：合作 vs. 競爭

人與人、部門與部門是有競爭關係的，因此談整合的時候，是「你整我」或是「我整你」，誰是大哥？誰說了算？成就了你不就犧牲了我！基於自私的人性，整合的過程是有矛盾的。

案例：你的競爭對手

筆者讀高中時有一個充滿大智慧的同學，他說：「我們都是三流學校的學生，聯考時絕對不是名校學生的對手，我們必須互相合作，將自己專長的學科能力或考試資訊分享給同伴，…，記得！我們的競爭對手不是自己身邊的同學，而是外面名校的學生。」，一起讀書＋一起玩耍 → 無私分享，3 個三流高中生都考上超過自己預期的大學…，這個「無私合作」的觀念深深影響我的一生。

為了克服自私自利的性惡因子，企業內的績效、獎勵的設計，就必須將單位、部門合作的因素列為重要考量，既鼓勵競爭、更鼓勵合作，只有在公司能夠生存的前提下，個人或部門績效的競爭才是有意義的。

導入 ERP 的 2 種方案

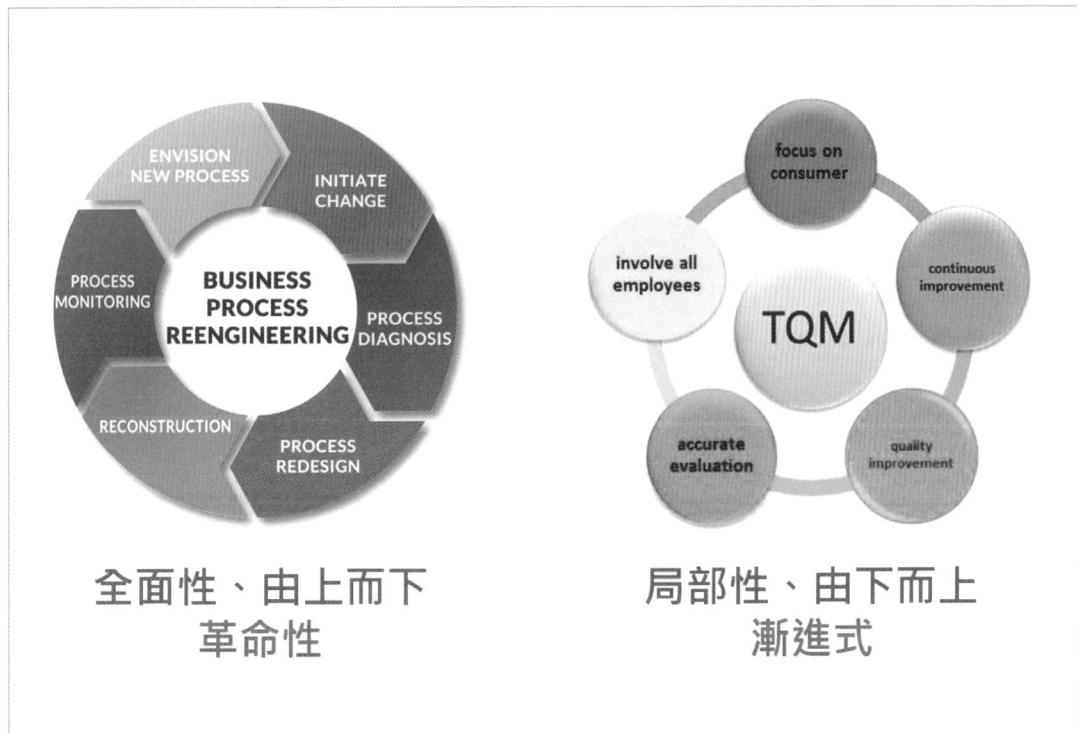

全面性、由上而下
革命性

局部性、由下而上
漸進式

導入 ERP 在實務上有 2 個不同的準備方案：

BPR	**企業流程再造** 就是重新設計和安排企業的整個生產、服務和經營程序，使之合理化。通過對企業原來生產經營過程的各個方面、每個環節進行全面的調查研究和細緻分析，對其中不合理、不必要的環節進行徹底的變革。 是一種全面性、由上而下、革命式的企業重整，就猶如案例導讀中的會跳舞的大象 IBM 公司、時尚潮服 ZARA 品牌。猶如外科式手術，效果立見，結果：可能救命、也可能送命。
TQM	**全面品質管理** 以顧客的需求為中心，承諾要滿足或超越顧客的期望，全員參與，採用科學方法與工具，持續改善品質與服務，應用創新的策略與系統性的方法，它不但重視產品品質，也重視經營品質、經營理念與企業文化。也就是以品質為核心的全面管理，追求卓越的績效。 是一種局部性、由下而上、漸進式的局部流程合理化。猶如調養補氣，效果緩慢漸進，風險較低。

系統導入的策略

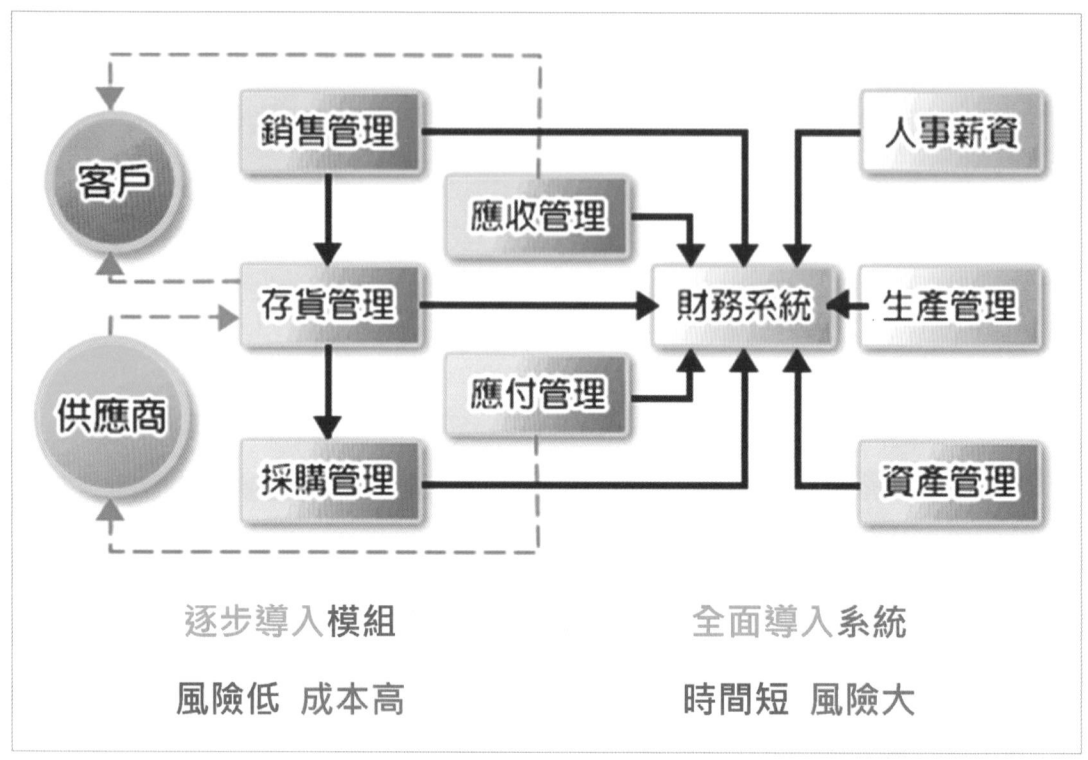

常見的 ERP 導入策略有兩種：

⊙ 逐步式導入

導入系統模組時，部分模組完成上線後，再導入另一部分模組，屬於漸進式的導入方式。

　　○ 優點：降低導入的風險。

　　○ 缺點：整個專案需要較長的時間與資本投入。

⊙ 大躍進式導入

用全新的 ERP 系統取代現行使用的系統。

　　○ 優點：縮短整個專案的時間。

　　○ 缺點：須投入龐大的人力與財力，並進行教育訓練與組織變革管理。

方案選擇

兩種導入方式各有其優缺點，企業主可以根據系統使用現況與可用資源的多寡，進行可行性評估後再決定導入策略，以下是 3 種不同企業類型導入方式的分析：

新創企業	由於沒有舊體制的束縛，實際作業流程與系統作業流程較容易配合，因此多會採用大躍進式導入，以降低導入成本與縮短導入時程。
小型企業	組織運作全部老闆一個人說了算，每個部門的人事也極為精簡，因此無論是跨部門或是部門內的溝通、聯繫效率都很高，因此也適合採用大躍進式導入，以降低導入成本與縮短導入時程。
中大企業	組織龐大、作業流程繁複，跨部門整合難度較高，若採用大躍進式導入，容易發生整個企業癱瘓的災難，因此多半採取逐步式導入，以求降低導入的風險。

習題

( ) 1. 在【ERP 導入】單元中，有關於行銷的敘述，以下哪一個項目是錯誤的？

(A) 騙很大

(B) 原文叫 Marketing

(C) 書中自有黃金屋就是一種行銷術

(D) 台大畢業保證就業

( ) 2. 在【導入 ERP 效益】單元中，以下哪一個項目是正確的？

(A) ERP 的真正價值：發現問題→優化過程

(B) ERP 系統效益立即可見

(C) 導入 ERP 系統簡單快速

(D) 產品效益受法令規範是不會浮誇的

( ) 3. 在【美麗的秘密】單元中，課文中提到美麗的 3 個因素，以下哪一個項目不包含在內？

(A) 優良遺傳   (B) 宗教信仰

(C) 後天保養   (D) 外力修整

( ) 4. 在【醫管 vs. 企管】單元中，有關導入 ERP 的敘述，以下哪一個項目是錯誤的？

(A) 一個完整的療程

(B) 必須根據革新方案持之以恆

(C) 一帖見效

(D) 管理作為必須持續進化

( ) 5. 在【為何要導入 ERP？】單元中，「不上 ERP 是等死，上 ERP 是找死」，這句話是誰說的？

(A) 馬雲   (B) 鄧小平

(C) 馬化騰   (D) 柳傳志

( ) 6. 在【導入 ERP 的 3 個基本條件】單元中，以下哪一個項目不是 3 個基本條件之一？

(A) 大型企業規模   (B) 適用企業流程

(C) 恰當導入方法   (D) 整合 IT 環境

( ) 7. 在【ERP 成敗關鍵】單元中，關於人員執掌，以下哪一個項目是錯誤的？

(A) 資深諮詢顧問：流程瓶頸診斷

(B) 業務人員：努力接單

(C) 企業領導：政策支持

(D) 專案經理：組織協調

( ) 8. 在【關鍵 1：經營者觀念的變革】單元中，以下哪一個項目是錯誤的？

(A) 領導者往往是改革的絆腳石

(B) 創業人才與組織發展人才是不同的

(C) 誅殺功臣非明君所為

(D) 企業經營所追求的是合理成本

( ) 9. 在【案例：價格殺手】單元中，關於 ERP 的內涵，以下哪一個項目是正確的？

(A) 硬體＋軟體

(B) 硬體＋軟體＋流程

(C) 硬體＋軟體＋流程＋內控

(D) 硬體＋軟體＋流程＋內控＋經營模式

( ) 10. 在【導入 ERP 包含的活動】單元中，以下哪一個項目是錯誤的？

(A) 勤儉持家是企業經營的鐵則

(B) 改變獲利 2 個主要因子：收入、成本

(C) 勤儉持家可以提高創業公司的存活率

(D) 勤儉持家是公司發展的絆腳石

( ) 11. 在【ERP 的內涵】單元中，對於 ERP 與養小孩的對照，以下哪一個項目是錯誤的？

(A) 軟硬體－衣食無缺

(B) 企業經營模式是恆久不變的

(C) 關心、愛、教導＝流程、內控、經營模式

(D) 只有衣、食小孩長不好

( ) 12. 在【案例：專利、商標權】單元中，以下哪一個項目是錯誤的？

(A) 勤儉持家可以提高創業公司的存活率

(B) 改變獲利 2 個主要因子：收入、成本

(C) 勤儉持家是企業經營的鐵則

(D) 勤儉持家是公司發展的絆腳石

( ) 13. 在【關鍵 2：創新企業文化】單元中，以下哪一個項目是錯誤的？

(A) 作業流程是不斷精進演化的

(B) SOP 應改隨環境而改變

(C) 過分依賴經驗將是進步的絆腳石

(D) 以不變應萬變是企業穩定的力量

( ) 14. 在【案例：香蕉聘猴子 - 1】單元中，有關猴子實驗的敘述，以下哪一個項目是錯誤的？

(A) 只有新猴子會被水柱修理

(B) 拿香蕉就會被其他猴子海 K

(C) 老猴子都知道江湖規矩

(D) 拿香蕉就會被水柱修理

( ) 15. 在【案例：香蕉聘猴子 - 2】單元中，有關資深員工的敘述，以下哪一個項目是錯誤的？

(A) 家有一老如有一寶

(B) 資深就是免死金排

(C) 超領薪資被裁員機會提高

(D) 隨景氣調升的薪資不是一件好事

( ) 16. 在【案例：香蕉聘猴子 - 3】單元中，有關員工犯錯的敘述，以下哪一個項目是錯誤的？

(A) 員工培訓必須允許犯錯

(B) 員工培訓必須鼓勵創新

(C) 犯錯代表專業能力不足

(D) 創新過程中要打破階級障礙

( ) 17. 在【案例：你不要嫌我憨慢…】單元中，有關商用車輛進口的敘述，以下哪一個項目是錯誤的？

(A) 市場自由競爭是無可避免的

(B) 強勢商品會讓業務人員降低戰鬥力

(C) 法令保護將造成市場供需失衡

(D) 寡佔市場對企業有絕對的好處

( ) 18. 在【關鍵 3：慎選顧問】單元中，有關務顧問的工作職掌，以下哪一個項目是錯誤的？

(A) 協助資料建置　　　　　(B) 說服長官

(C) 控制專案進度　　　　　(D) 優化作業流程

( ) 19. 在【案例：黑人牙膏】單元中，有關加大牙膏開口的方案，以下哪一個項目是錯誤的？

(A) 此解決方案是有效的

(B) 黑人牙膏被騙了 2,000 萬

(C) 業績增加 50%

(D) 充分了解消費需求

( ) 20. 在【顧問 vs. 顧門】單元中，有關顧問的敘述，以下哪一個項目是錯誤的？

(A) 提供諮詢　　　　　(B) 整合資源

(C) 協助日常作業　　　　(D) 提出解決方案

( ) 21. 在【顧問團隊】單元中，關於方案顧問的敘述，以下哪一個項目是錯誤的？

(A) 說服老闆　　　　　(B) 了解產業特性

(C) 專業實務流程　　　　(D) 採購高手

( ) 22. 在【關鍵 4：培養跨部門整合人才】單元中，有關於輪調制度的敘述，以下哪一個項目是錯誤的？

(A) 虛耗人力資源　　　　(B) 培養跨部門同理心

(C) 提升計畫說服力　　　(D) 周延計畫的完整性

( ) 23. 在【案例：合作 vs. 競爭】單元中，有關於部門合作的敘述，以下哪一個項目是錯誤的？

(A) 個人績效必須與團隊合作掛勾

(B) 職場上一切講求個人能力

(C) 團隊合作是個人能力指標之一

(D) 團隊合作必須來自於獎懲制度的支持

( ) 24. 在【導入 ERP 的 2 種方案】單元中，有關 BPR、TQM 方案的敘述，
以下哪一個項目是錯誤的？
(A) BPR = 企業流程再造
(B) TQM = 全面品質管理
(C) TQM 實施失敗風險較高
(D) BPR 是由上而下、革命式的企業重整

( ) 25. 在【系統導入的策略】單元中，有關逐步式導入、大躍進式導入的
敘述，以下哪一個項目是錯誤的？
(A) 逐步式導入風險較低
(B) 逐步式導入成本較高
(C) 大躍進式導入需投入龐大人力、物力
(D) 大躍進式導入所需時程較久

( ) 26. 在【方案選擇】單元中，有關於各型企業選擇 ERP 導入方案的敘
述，以下哪一個項目是錯誤的？
(A) 新創企業適合逐步式
(B) 小型企業適合大躍進式
(C) 中大企業適合逐步式
(D) 全球化企業適合逐步式

物聯網與雲端服務

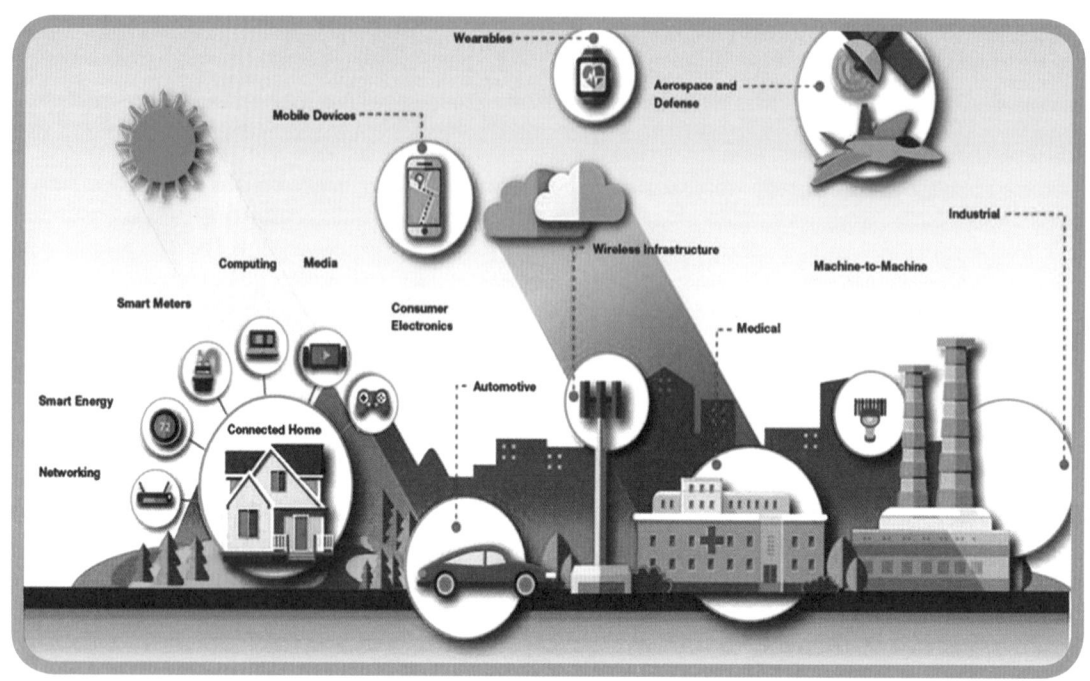

科 技的震撼！小說情節、電影情節隨著時間一一落實在生活中…：

Internet	動作	效益
第 1 代	把「電腦」串起來	資料分享 → 資料整合
第 2 代	把「人」串起來	人際關係分享 → 行動商務
第 3 代	把「東西」串起來	？？？分享 → ？？？

IOT 物聯網（Internet Of Things）也就是第 3 代 Internet，匪夷所思的要將萬物聯網，將冰箱、冷氣、咖啡機…都連上網路的意義為何？隨著 Google Home 等相關生活應用不斷被開發出來，IOT 的價值漸漸浮現，儘管如此，由智慧家居所展現出來的也只是 IOT 功能的萬分之一。

我非常喜歡這句廣告詞：「科技始終來自於人性！」，能夠改進人類生活的科技才是有價值的！

無線通訊標準

有些研究單位、學術單位、公益團體為了產業的發展，就會跳出來作技術標準的整合，讓不同的廠牌、標準、規格都可以相容，整個產業進入成熟期，產品普及率放量增長。

目前物聯網的無線通訊也進入到產業整合期，最大挑戰就是讓不同的廠商設備都能夠彼此連線，許多組織或聯盟也正在進行連線標準的整合，以保證設備彼此之間的相容性能夠提高，以加速物聯網的發展。

電機電子工程師學會（簡稱 IEEE）於 1997 年為無線區域網路制訂了第一個標準 IEEE 802，這個標準也成為最通用的無線網路標準：

802.11	催生 Wi-Fi，版本的更新讓 Wi-Fi 能有更進步的速度
802.15.4	定義「無線個人網路 WPAN」連線標準其中包括：ZigBee、6LoWPAN、WirelessHART
802.15.1	推出藍牙

IEEE 802 是短距離無線通訊的共主，也是一百公尺戰爭中的主要競爭者。

百家爭鳴

以下是 3 種常用物聯網無線通訊技術的優缺點分析：

Wifi	Wi-Fi 的傳輸速率遠高於其他無線傳輸技術，但由於需要包含 TCP/IP 協議的標準，因此通訊設備必須包含 MCU（微控制器）與大量的記憶體，因此 Wi-Fi 連線的成本就相對過高。
藍牙	藍牙主要是以點對點傳輸為主，並針對一對一連線最佳化，低功耗藍牙讓藍牙能夠再應用於更多智慧型裝置，除了智慧型手機與平板電腦以外，也涵蓋了健康，遊戲、汽車的新應用，甚至可以提供地理位置與地標的基礎功能。
ZigBee	是一種低傳輸、低功耗、低成本的技術，長時間休眠功能與省電能力令人讚嘆，只要一顆鈕扣電池就可以使用年餘，因此也有 ZigBee 設備是採用無電池模式，只需要一些能量採集科技就能供應足夠的電力。

智慧家居整合

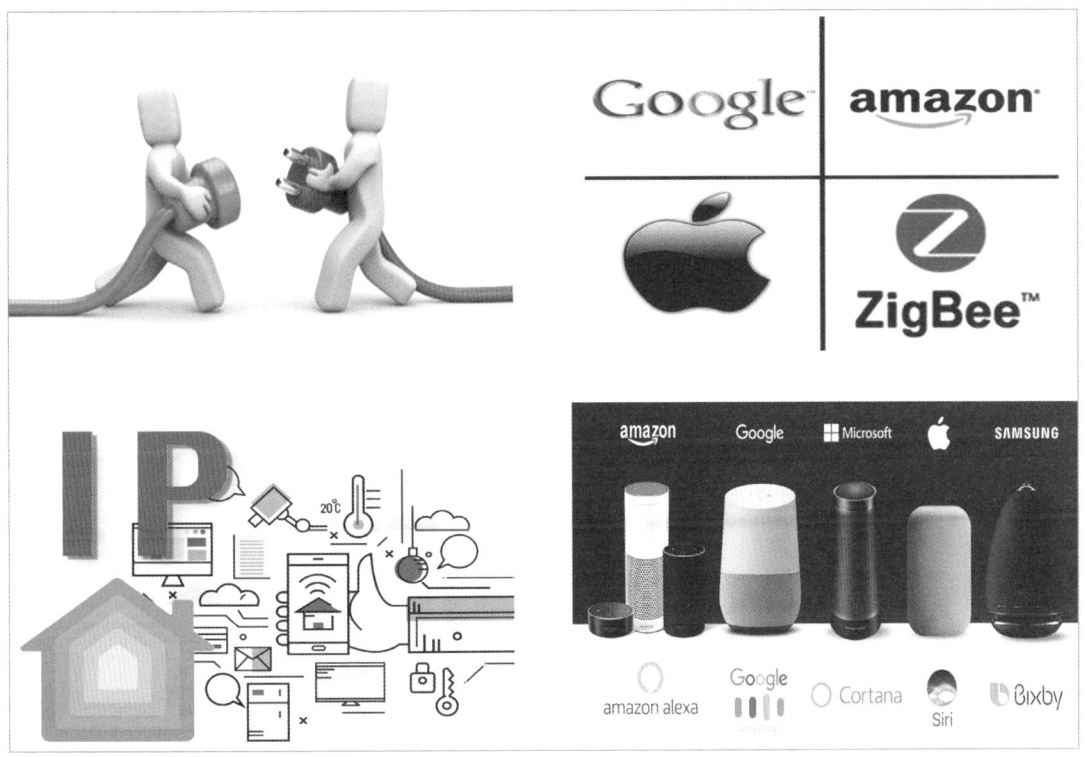

IP 互聯家庭項目（英語：Project Connected Home over IP）是一個智能家居開源標準項目，由亞馬遜、蘋果、谷歌、ZigBee 聯盟聯合發起，旨在開發、推廣一項免除專利費的新連接協議，以簡化智能家居設備商開發成本，提高產品之間兼容性，讓智慧家庭裝置像 USB 一樣可以隨插即用。除了在使用上更加便利之外，新的技術標準也能協助開發商設計出更可靠、更安全、更保密、相容性更高，且在沒有連上網際網路的環境下也能運作的裝置。

這個計畫採用 IP 通訊協定整合各個不同層面的網路技術，因此可以運行在現有的網路設施上，不需要為了智慧家庭架設新的網路設施。

IP 通訊協定已處於成熟階段，因此 Project Connected Home over IP 也將會為智慧家庭開發者帶來一套熟悉且一致的開放模式，讓開發者可以輕易的整合智慧家庭、行動通訊和雲端服務。

萬物聯網的效益

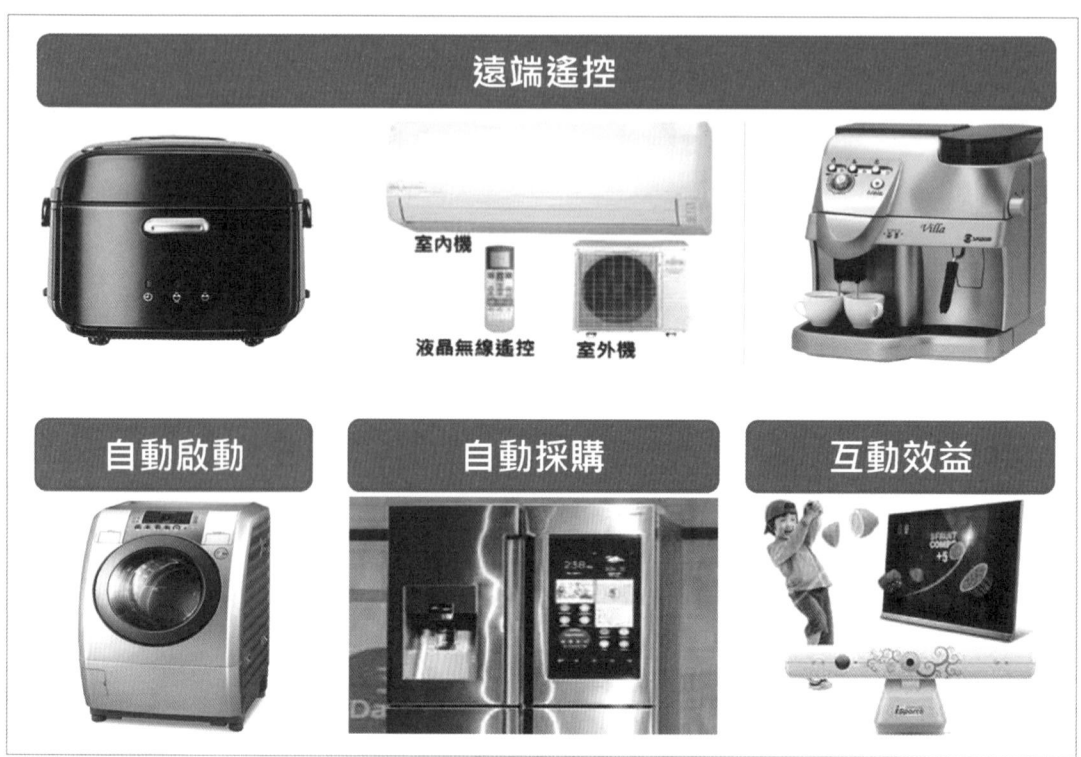

遠端遙控	對於無法確實掌控下班時間的上班族,預約、定時功能變得不實用,利用無線遠端遙控,就能在回家的路上啟動:電鍋、冷氣、咖啡機。
自動啟動	使用智慧電錶可享受離峰電價優惠,生活中有許多事情並沒有時間上的急迫性,若能設定家電運作時間,便能享受優惠。 例如:夜間啟動洗衣機、夜間啟動抽水馬達。
自動採購	電冰箱聯網後可下載食譜,自動偵測冰箱內食物內容與數量,根據食譜的選擇,電冰箱可以下單採購食品。
互動效益	電玩遊戲透過體感裝置,可以讓玩家融入遊戲角色。
家電整合	所有家電都可以利用網路串結起來,利用中央控制器,整合所有家電的自動化工作。

物聯網應用：智慧家居

情境A：上床睡覺

由床墊感測壓力啟動：情境A

燈光

空調

音樂

室外照明

保全系統

鬧鐘

⊙ 情境 A：上床睡覺模式

窗簾自動關上、冷氣切換到睡眠模式、燈光調整為睡眠情境、音響播放輕音樂一小時後自動關閉、…

　○ 藉由床墊感測壓力，啟動情境 A

⊙ 情境 B：起床模式

窗簾自動打開、咖啡機切換美式後自動開啟、電視機播放 CNN 晨間新聞、機器人播報即時路況與天氣、…

　○ 藉由體感裝置，偵測呼吸頻率，啟動情境 B

串聯室內物聯網家電、裝置，達到：整合→互動，透過居家生活模式設定，讓家變得：聰明、節能、舒適。

物聯網應用：居家保全

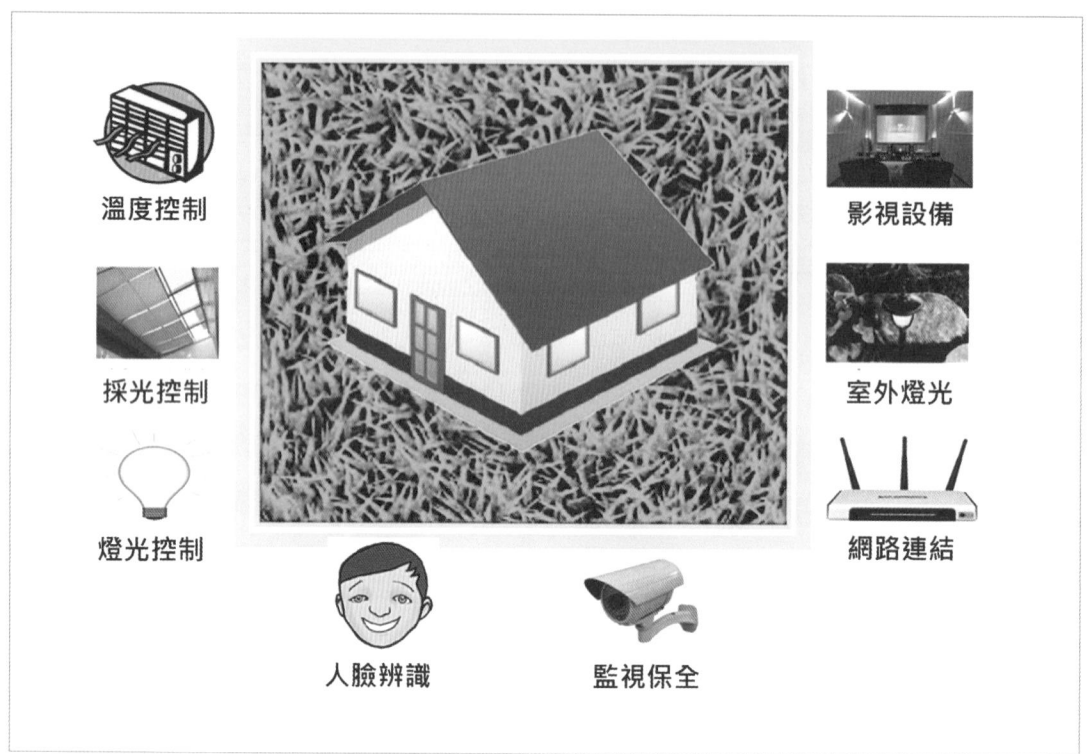

居家保全系統

- ⊙ 社區閘門透過辨識系統可認車、認人，作為社區進出管制。

- ⊙ 屋子大門有指紋辨系統或晶片卡，作為身分辨識。

- ⊙ 家中有固定式監視系統，還有移動式照護機器人，可隨時監看家中情況。

- ⊙ 屋內各房間裝設煙霧、溫度感測器，有異常情況時，自動通報消防單位。

- ⊙ 老人、小孩身上配置感知型發射器，當老人或小孩跌倒或昏倒時可發出
  緊急求救訊號，並提供 GPS 定位訊號。

串聯室內外各項物聯網監控裝置，達到：整合→互動，透過監控模式設定，
讓家俱備：安全、防災、急救的功能。

大數據：災害防治

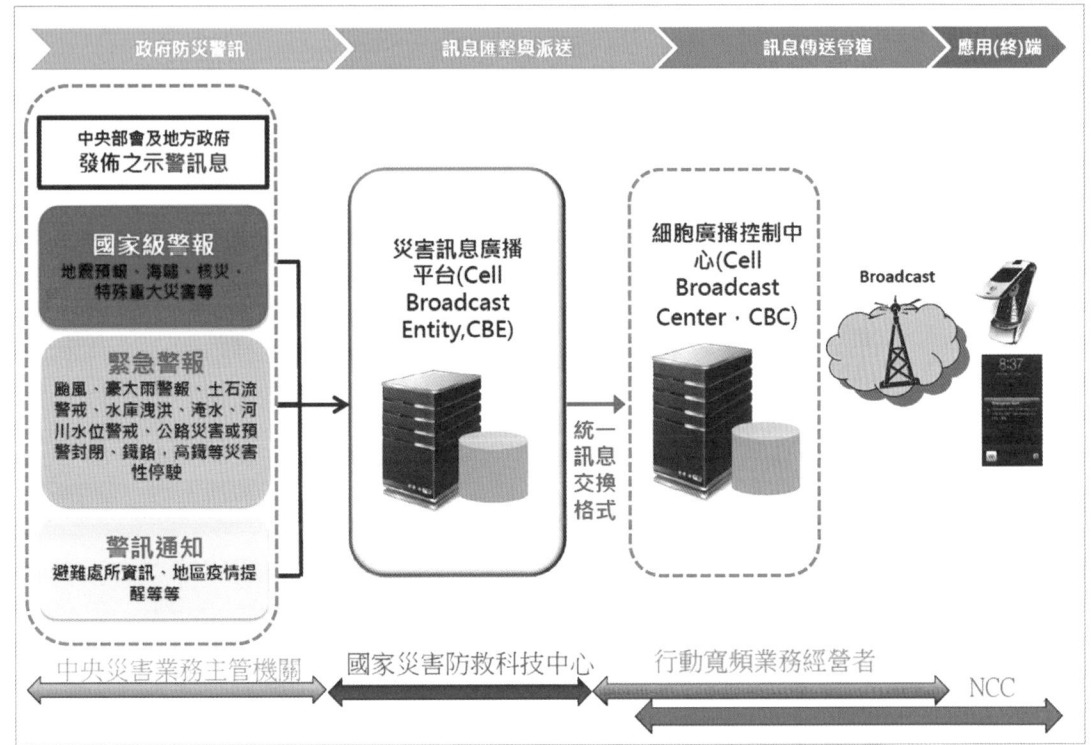

我們常會質疑：萬物聯網所產生的大數據到底有何用途？我們就以一個最近發生的案例來說明大數據的價值：

2020-04-18
我國敦睦艦隊官兵染疫，中央流行疫情指揮中心宣布，將針對染役官兵去過的地點發布細胞簡訊，提醒特定時間內到訪同一地點（停留 15 分鐘以上）的民眾注意身體情況，粗估有 20 萬人會收到細胞簡訊通知。

國內 5 大通訊業者的基地台，透過基地台偵測手機電磁訊號，可隨時記錄每一個手機擁有者的即時移動足跡，政府與電信業者合作打造的「電子追蹤系統」，就是一個國民足跡大數據，因此可以掌控染役官兵所遊歷過的地點，更將此資訊傳遞給曾經遊歷此景點的國民，並提醒自主健康管理。

大數據就如同一座礦山，大量的砂石中蘊藏少數的寶石，成功的企業藉由大數據行銷商品，有效能的政府藉由大數據提升行政效率！

資訊科技的演進

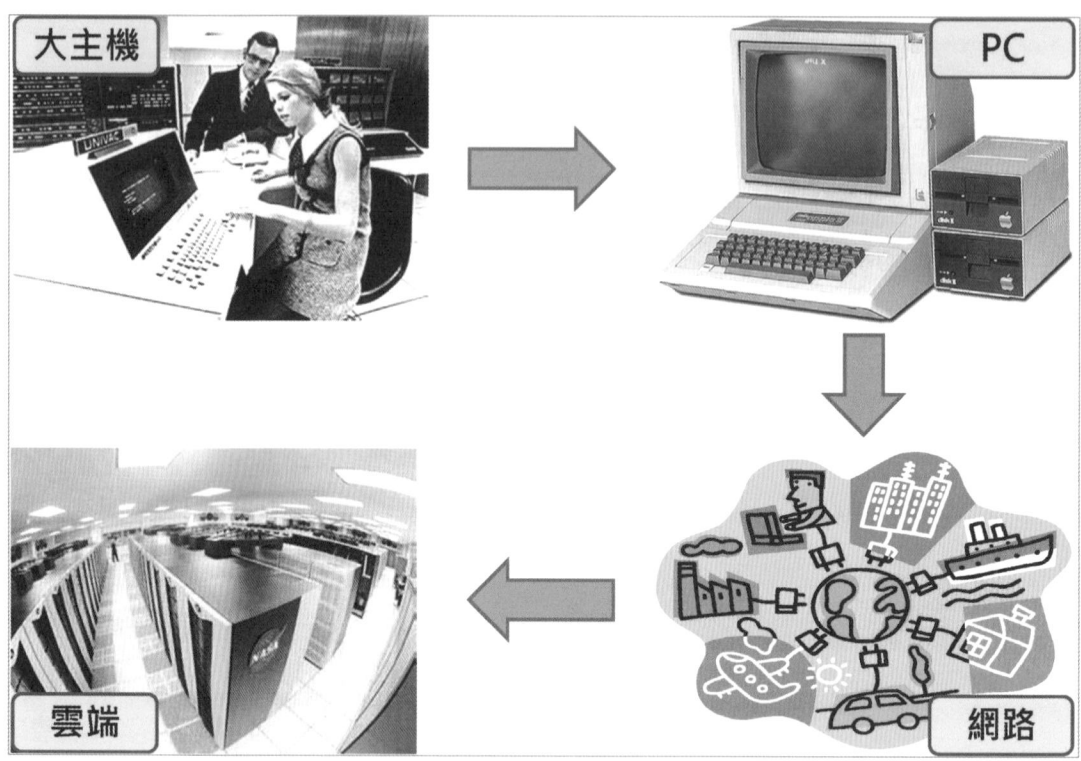

資訊科技大致上歷經了以下 4 個發展階段：

大主機	早期的電腦全部是大型主機，所有人使用終端機連結上大型主機，只有受過專業訓練的人有能力使用電腦，也只有大型企業、國家單位買得起電腦。
PC	Apple 開創個人電腦時代後，藉由便宜、易學的特性，推動全球電腦應用的普及，一般家庭、學校、中小企業都用得起電腦。
網路	Internet 興起，所有 PC 串連在一起，資料分享、軟體分享，讓電腦應用進入爆發期，但…也造成管理、維護的災難：資料整合難、資料管控難、電腦病毒肆虐。
雲端	目前的雲端服務系統，解決了【PC + 網路】所帶來的軟硬體管理問題，更為新創企業、全球化企業帶來快速建立、擴展資訊系統的便利。

✕ AWS：雲端服務的創始者

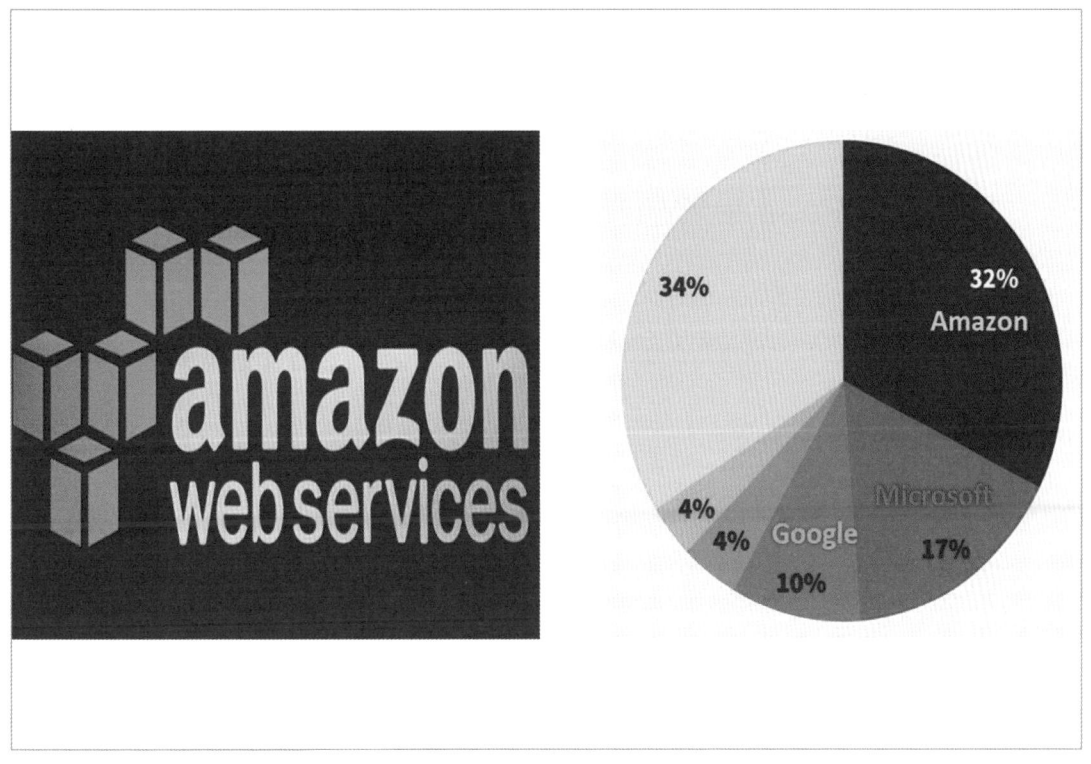

專業分工已經是產業發展的主流，所衍生出來的問題就是【非核心事業外包】，對於非資訊專業廠商而言，資訊系統只是一個管理工具，並非核心事業，因此資訊系統外包、租賃儼然成為一種趨勢。

Amazon 是一家以創新為核心競爭力的公司，為應付企業內各部門的創新方案，Amazon 的資訊部門開發出 AWS（Amazon Web Service），這是一種積木式的雲端資源分享架構，每一個單位可獨立運行，需要較大運算能量時，就即時以積木堆疊的方式增加：儲存容量、運算速度、網路傳輸速度，對於新創企業、新創部門、新創專案提供非常大的發展彈性，AWS 是雲端服務的開創者，更是產業發展領導廠商。

⚞ 雲端服務

資訊供應商提供的雲端服務方案,提供 3 種不同層次的服務,敘述如下:

IaaS	I(Infrastrure 基礎設施),提供硬體、網路、機房管理,適用於已經完成軟體建置的單位,將機房全部外包出去,企業內資訊人員只要專注在:系統與軟體的建置、開發、維護。
PaaS	P(Platform 開發平台),提供 IaaS + 作業平台(作業系統、資料庫)+ 軟體開發工具,企業內資訊人員只要專注在:軟體建置、開發、維護。
SaaS	S(Software 軟體),提供 PaaS + 應用軟體,企業內資訊人員只要專注在:軟體設定、應用。

採用雲端服務方案可大幅縮短資訊系統建置時間,更可降低硬體投資的風險性,請參考後續的評估方案。

雲端服務代表廠商

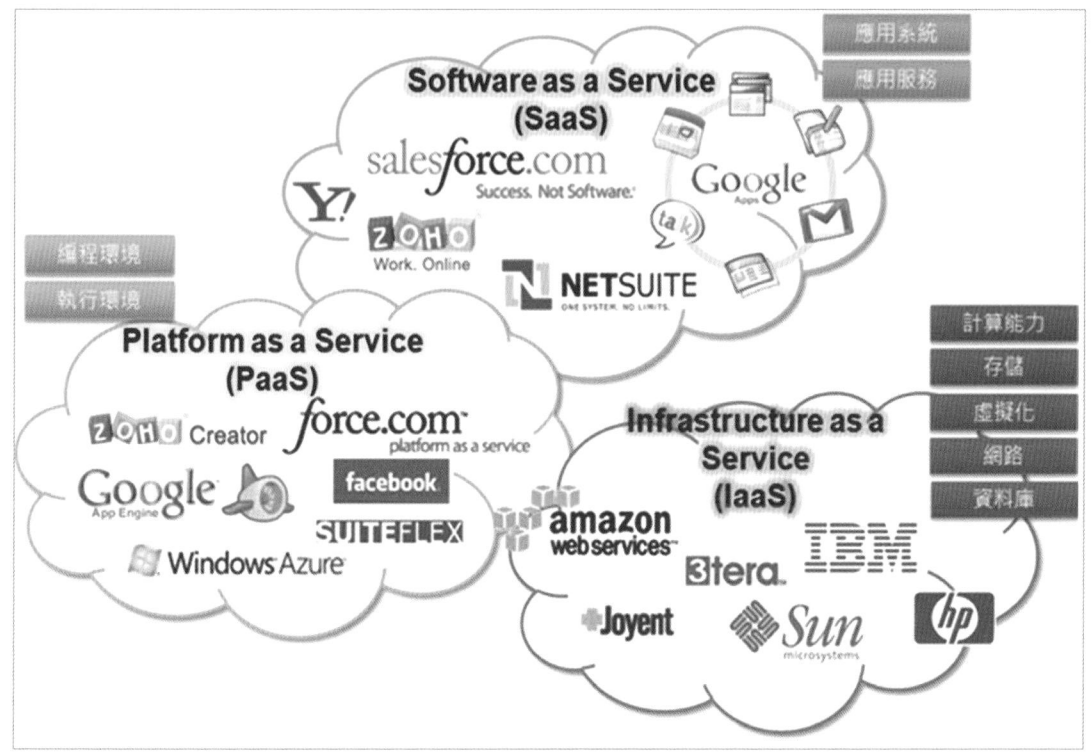

目前雲端服務尚處於發展階段，IaaS（基礎設施）是目前發展較快、較成熟的市場，根據市場統計資料，2019 年全球雲端運算 IaaS 市場持續快速增長，年增 37.3%，整體市場規模達 445 億美元。在全球市場中，亞馬遜 AWS、微軟 Azure、阿里雲 AliCloud 組成的 3A 格局仍然穩固，市占率排列如下：

　　AWS：45%、Azure：17%、AliCloud：9.1%

IaaS 的關鍵不是 Infrastructure，而是 Service！目前臺灣 IaaS 還在土法煉鋼，根本沒做到 Service，業者只是購買了硬體設備、部署了虛擬化軟體、訂定計費方式、自行開發了自助式的使用平臺後，再透過網路出租給客戶，從實體機器的出租服務改為虛擬機器罷了。

電腦機房建置評估 - 1

案例1：建立一套流量平穩的應用系統要運作3年	
方案1：自建機房	**方案2：租用IaaS**
● 使用Dell PowerEdge R610 配置96GB記憶體	● Amazon EC2大型虛擬機器
● 2顆英特爾E5645處理器	● 租34GB記憶體
● 機房管理費用	● 13顆EC2處理單元 （運算效率只有方案1的1/3）
3年總成本約需9,600美元	3年總成本約需26,280美元

結論：方案 1 遠優於分案 2

上面的案例的情境是：「流量平穩」，因此僅就硬體效能作評估、比較，顯然租用 IaaS 是不划算的。

❌ 電腦機房建置評估 - 2

案例2：海爾家電的IT基礎建設採購案

方案1：自建系統

● 購買800臺伺服器
  用來執行300多套應用系統

方案2：向電信業者租用IaaS

● 導入伺服器虛擬化
  能少買許多設備
  節省採購費用

方案3：與HP 簽訂服務合約

HP包下海爾IT基礎設施的所有需求：

● 海爾有任何系統要上線時
  只需要提前1周通知HP

● 提供應急的資源
  臨時性的專案
  HP得在4小時內完成支援任務

● 560臺伺服器的專案價格決標
  實際上只用了約250臺伺服器
  海爾300套系統如期上線

結果：海爾家電採用方案 3，理由如下：

◎ 海爾企業所需建置的系統的情境並非「穩定流量」，因此對於硬體的需求的評估是很難達到精準的，由方案 1 的 800 部伺服器到方案 3 實際使用 250 部主機，就可以知道估計誤差的程度有多大。

◎ HP 提供完全彈性化的支援方案，不論海爾的業務需求如何暴增，HP 都可以即時支援，這是方案 1、方案 2 完全無法滿足的，有了這種強力的備援方案，海爾的業務部門可以放心的推動各種行銷方案，不必擔心來自於資訊部門硬體擴充的問題。

◎ 實際簽約只用 560 部主機，相對於海爾預估的 800 部主機，這個交易是划算的，實際執行只用 250 部主機，對於 HP 而言更是大賺一筆，所以說整個交易是雙贏的局面。

⤭ 習題

( ) 1. 在【物聯網與雲端服務】單元中，有關於 Internet 的世代演進，以下哪一個項目是錯誤的？

(A) 第 1 代把「電腦」串起來

(B) 第 2 代把「手機」串起來

(C) 第 3 代把「東西」串起來

(D) IOT = 物聯網

( ) 2. 在【無線通訊標準】單元中，IEEE 於 1997 年為無線區域網路制訂了以下哪一個通訊標準？

(A) IEEE 602

(B) IEEE 702

(C) IEEE 802

(D) IEEE 902

( ) 3. 在【百家爭鳴】單元中，有關各種通訊技術優缺點的敘述，以下哪一個項目是錯誤的？

(A) Wi-Fi 連線的成本較高

(B) Wi-Fi 傳輸速率最高

(C) 藍牙以點對點傳輸為主

(D) ZigBee 耗能較高

( ) 4. 在【智慧居家整合】單元中，以下哪一個企業不是 IP 互聯家庭項目的發起者？

(A) TESLA

(B) AMAZON

(C) APPLE

(D) GOOGLE

( ) 5. 在【萬物聯網的效益】單元中，以下哪一個項目不是萬物聯網的效益？

(A) 自動採購

(B) 折扣優惠

(C) 遠端遙控

(D) 家電整合

( ) 6. 在【物聯網應用：智慧家居】單元中，有關於自動化應用的敘述，以下哪一個項目是錯誤的？

(A) 床墊可以感測壓力

(B) 體感裝置可以偵測呼吸頻率

(C) 電器之間無法整合互動

(D) 透過情境設定可達到完全自動化

( ) 7. 在【物聯網應用：居家保全】單元中，有關於物聯網監控裝置的敘述，以下哪一個項目是錯誤的？

(A) 閘門透過辨識系統可管制車、人進出

(B) 移動式照護機器人可隨時監看家中情況

(C) 感知型發射器可於老人跌倒時發出求救訊號

(D) 煙霧感測器會自動灑水救火

( ) 8. 在【大數據：災害防治】單元中，有關電子追蹤系統的敘述，以下哪一個項目是錯誤的？

(A) 政府獨立開發系統

(B) 隨時記錄手機擁有者的即時移動足跡

(C) 以細胞簡訊通知相關人

(D) 在敦睦艦隊官兵染疫事件發揮極大效用

( ) 9. 在【資訊科技的演進】單元中，關於演進過程的敘述，以下哪一個項目是錯誤的？

(A) 大型主機時代只有專業人士能使用電腦

(B) Internet 興起讓電腦管理更有效率

(C) PC 推動全球電腦應用的普及

(D) 雲端服務讓新創企業能快速建立資訊系統

( ) 10. 在【AWS：雲端服務的創始者】單元中，有關 AWS 的敘述，以下哪一個項目是錯誤的？

(A) 是一種積木式雲端資源分享架構

(B) 為滿足內部創新方案所產生的創新服務

(C) AWS = Apple Web Service

(D) 提供非常大的發展彈性

（　）11. 在【雲端服務】單元中，有關 3 種不同層次的服務的敘述，以下哪
一個項目是錯誤的？

(A) P = Platform 開發平台

(B) S = Software 軟體

(C) 作業系統屬於 PaaS 服務

(D) I = Information 資訊系統

（　）12. 在【雲端服務代表廠商】單元中，有關 IaaS 的 3A 廠商敘述，以下
哪一個項目是錯誤的？

(A) Azure 是 Google 的雲端系統

(B) AWS 規模最大

(C) AliCloud 市占率第 3 名

(D) AWS 是 Amazon 的雲端系統

（　）13. 在【電腦機房建置評估 - 1】單元中，有關方案的選擇評估的敘述，
以下哪一個項目是錯誤的？

(A) 硬體需求變動大的系統適合採用 IaaS

(B) 流量平穩的系統適合採用 IaaS

(C) 需要緊急備援方案的系統適合採用 IaaS

(D) 專案性的系統適合採用 IaaS

（　）14. 在【電腦機房建置評估 - 2】單元中，有關方案的選擇評估的敘述，
以下哪一個項目是錯誤的？

(A) 新創企業適合採用 IaaS

(B) 臨時性專案適合採用 IaaS

(C) 穩定發展企業適合採用 IaaS

(D) 擴張型企業適合採用 IaaS

產業資源整合

ERP（企業資源規劃）隨著時代的演進也逐漸的進化，ERP 不再只是一套整合性的軟體，更重要的是軟體整合前的：流程整合、部門整合、企業整合，ERP 更應該是一種概念、目標：產品整合、通路整合、…，充分達到「資源」整合，讓企業資源發揮最大效益。

本單元就以產業實務案例介紹【整合】的時機與效益！

產品整合

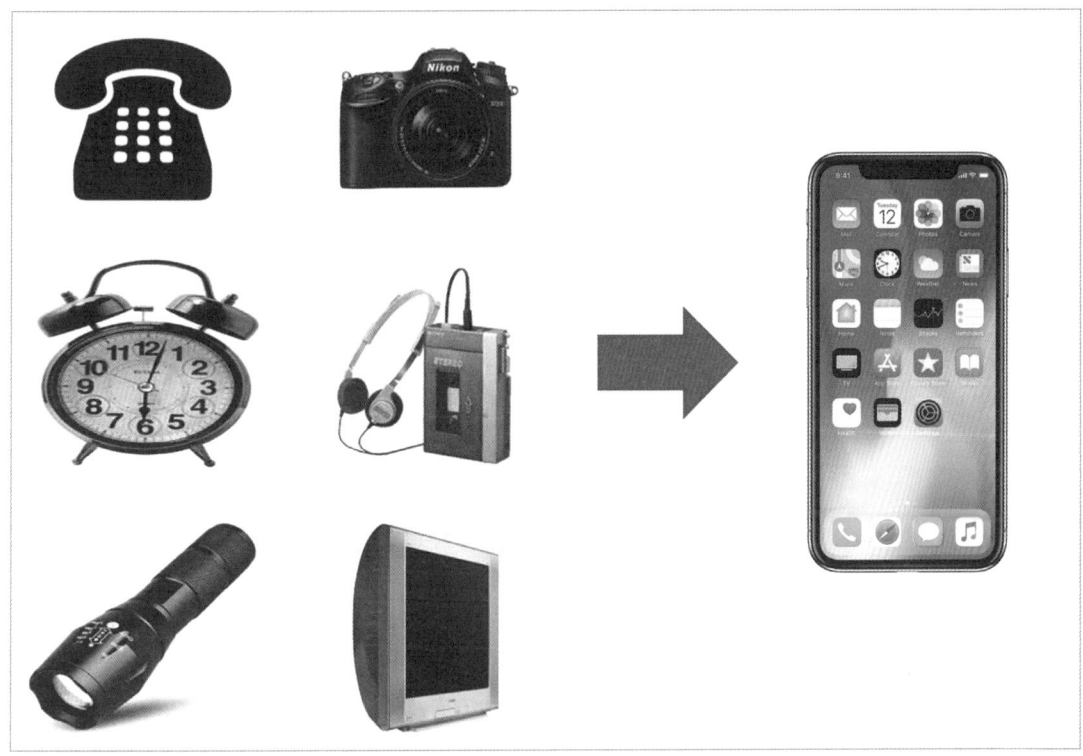

有人說：「景氣很差，很多公司倒閉！」，話只說對了一半！因為同一時間有另一批人發大財，仔細分析發現，很多傳統商品消失了，卻又有一大堆新科技產品大賣了！

一支智能手機到底有幾種功能？其實應改名為【萬用】機！因為打電話只是它的基本功能之一，而且打電話這個功能也逐漸被非同步訊息、語音傳輸所取代，試想：我身上帶著一支智能手機，我還需要隨身聽、照相機、手電筒、…嗎？沒有錯！一支智能手機取代了數百種傳統的電子商品，因此這些傳統電子產品的製造商全軍覆沒了！智能手機製造商、工程師都發大財了！

消費者當然是最大的贏家，一機萬用，性價比高又方便，因此市場改變了，傳統單一功能產品退出市場，整合性產品成為市場主流。

服務整合

誰能為消費者提供最便利的服務,將消費者視為上帝,就能贏得市場,讓消費者只要發出一個指令,後續所有作業、程序,由服務企業全部包辦,我們稱為 One Stop Service,俗稱為「一條龍服務」。

以上面的流程圖為例,廠商要以貨櫃方式經由海運出口商品,第三方物流公司可以提供一條龍服務:倉儲→包裝→吊櫃(將貨櫃吊至拖車)→運送(倉儲到碼頭)→吊櫃(將貨櫃吊至船艙)→運送(A 港到 B 港)→吊櫃(將貨櫃吊至岸邊拖車)→運送(B 港到客戶端)。

在此案例中,客戶只要下訂單即可,所有程序由第三方物流公司包辦了,甚至有些公司連生產製造也外包出去,只專注於企業核心競爭力:商品設計、行銷,例如:Apple。

專業分工是目前產業發展的主流,因此每一企業都必須確認自己在產業價值鏈中所扮演的角色,並提供完整的服務。

⚹ 部門整合

電子商務已經是所有企業在經營通路時不可避免的選項,但傳統企業仍然是抱持著舊思維,在原有的公司體制下:原有營業部門,再增設一個電子商務部門,也就是有 2 個營業單位,一個負責實體通路,另一個負責網路通路,邏輯上好像沒錯…,各司其職!

我是消費者,假日逛百貨公司,試衣、試鞋、試化妝品,全部由實體商店提供服務,但因為網路的折扣,因此決定回家上網買…,百貨公司中的專櫃店長傻眼了!網路營業部門主管樂歪了…,同一家企業多個通路,通路之間互相搶客人,這是典型的:1 + 1 < 2 的商業模式,因為傳統經營業者沒有深刻研究電子商務的內涵,認為電子商務 = 網路開店,不懂得線上行銷→線下服務的 O2O 虛實整合模式。

Apple、Tesla 都是 O2O 新商業模式的代表廠商,提供給客戶的更是一流的購物環境與購物體驗!

企業整合

全聯福利中心已成為台灣零售通路的最大品牌之一，是一種小型的超級市場，往上要與家樂福等大賣場競爭，往下要與 7-11 等便利商店競爭。

全聯的商品鎖定在 3 個領域：食品、清潔用品、生鮮，主打【平民】價格，全聯先生【省錢】系列廣告也深植人心，全聯目前以快速展店到全台灣每一個角落，但低價帶來的副作用就是毛利低，集團的策略就是成立一個新品牌：寶雅，主打毛利較高的美妝用品、生活百貨，由上圖中可看到，全聯與寶雅經常是相鄰展店，家庭主婦進全聯是為了採買日常生活用品，商品定位為【高 CP 值】，進寶雅是讓自己美一點，因此商品定位為【平價美顏】，兩家公司商品互補性極高，經營策略由集團的視野出發：低毛利的全聯引來消費者，再以毛利高的寶雅獲取利潤。

誠品書店也是這類型的整合成功案例，以高人文的商品【書】引進高消費族群，再以複合式經營的【精品店】獲利。

異業產品整合

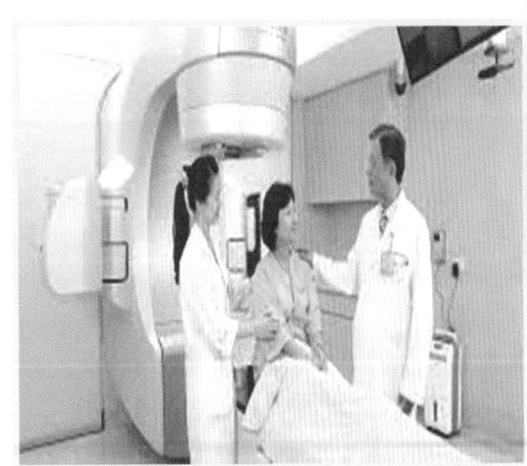

觀光：旅行團與自由行的差異？

醫美跟觀光產業有關係嗎？觀光客有錢有閒，這種消費者有分為 2 種型態：

| 外顯型 | 追求亮麗外型，對於美容整型有強烈需求。 |
| 內化型 | 追求健康身體，對於醫療健檢有強烈需求。 |

看醫生、作整形對於高階消費者都是負面名詞，將兩件事包裝到【觀光】行程中就神不知鬼不覺了，一趟【旅遊】下來，回國後整個人精神煥發，是極其自然的，對台灣而言，醫美與觀光產業的整合極具競爭力！

全球教育、科技進步快速，第二外語、翻譯軟體、Google 地圖、旅遊APP、…，讓觀光產業進入質變，大型團體旅遊逐漸進化為小團體自由行，自由行旅客從事的是深度旅遊，需要的是完整的在地資訊、便捷的交通（通訊）服務、安全友善的旅遊環境，政府各部門進入整合階段，觀光局負責行銷規劃，其他部門負責後勤支援（交通、通訊、治安、醫療、…），以全方位的服務，營造完美旅遊體驗！

異業技術整合

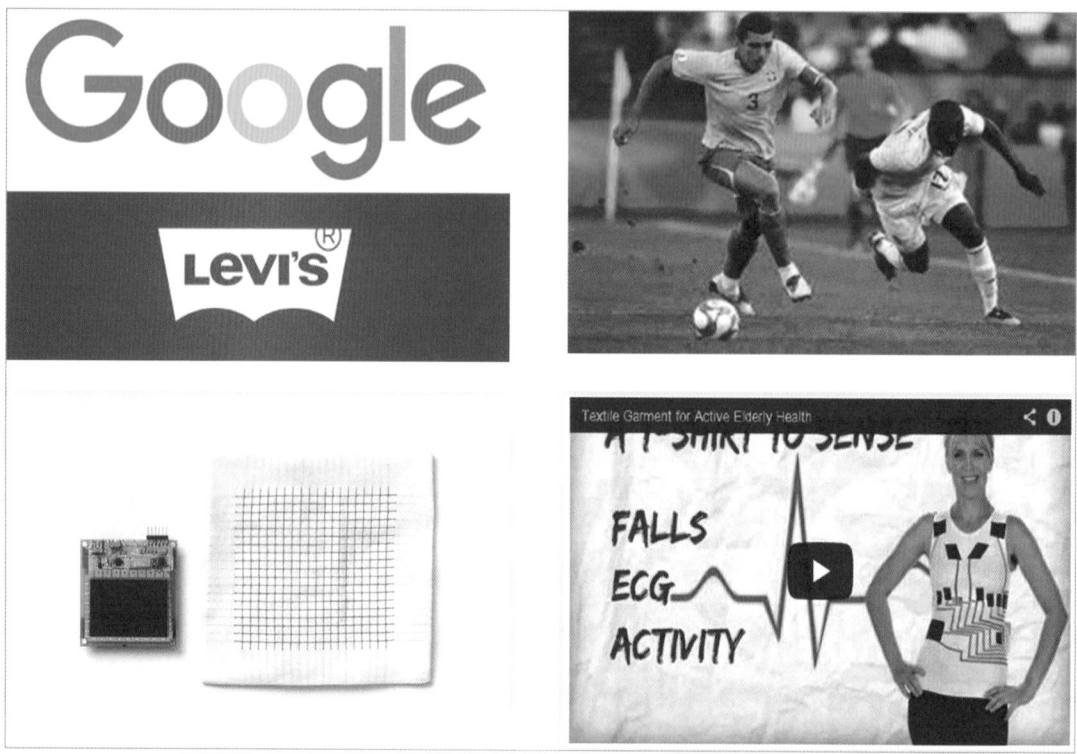

賣牛仔褲的 Levi's 與網路科技的 Google 能擦出火花嗎？

物聯網→萬物皆聯網，衣服、褲子可不可以連上網路？衣服、褲子連上網路做什麼？

衣服、褲子是最便利的貼身物品，使用貼身物物來監控身體狀況是最方便即時的，若可以透過衣服、褲子來量測：體溫、血壓、心跳、脈搏、⋯，將對健康醫療產生極大的效益，這就是 Levi's 與 Google 合作的動機。

早期這個技術應用在頂級運動員的培訓，藉由電子偵測來改進運動員體能或姿勢矯正，提升運動成績，近年來藉由紡織品與電子科技的結合，在布料中植入電子線路、偵測器、傳輸器，讓身體的資訊即時上傳雲端，對於遠距健康監控、遠距醫療成為確實可行方案，更為偏鄉醫療資源不足提供解決方案。

物聯網產業整合

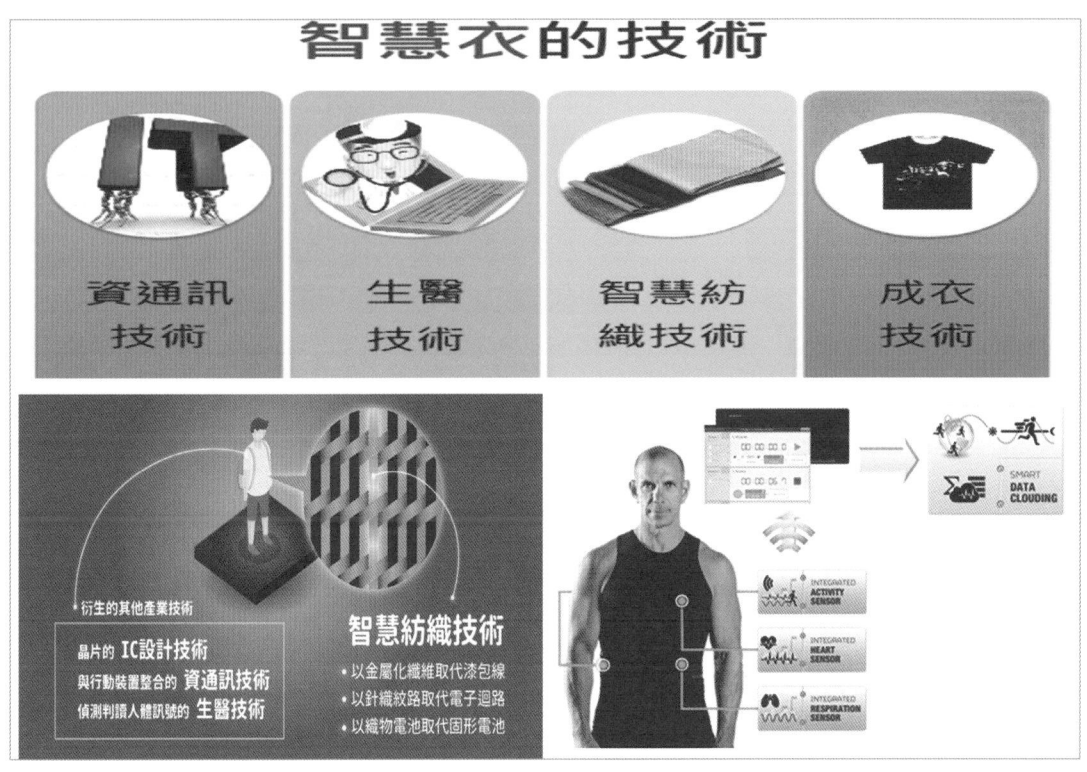

智慧衣可以感測：心跳、脈搏、體溫、排汗量、汗的成分…，根據不同的需求，在紡織品中植入不同的感測器，衣服變成 24 小時全功能體檢裝備，所有身體的訊息透過發射器傳遞至雲端醫療網，達到即時監控。

智慧衣的生產涉及 4 個產業：電子、紡織、生物醫療、通訊，台灣的廠商在這 4 個領域都有傑出的表現，但也都面臨市場上強大的競爭，因為隨著技術日漸成熟，競爭者透過學習、模仿、拷貝快速進入市場，因此單一產業無法長時間保持競爭優勢，百年企業之所以能永續經營，靠的就是跨產業資源整合的能力，這是新創公司、競爭對手無法在短時間跟上的。

小廠的經營策略著重於：小投資→大報酬，因此無論是技術或商業模式都很容易被模仿，而大廠所進行的戰略部屬，卻是高築技術、資金進入障礙，讓競爭者無力負擔，智慧衣產業結合雲端醫療網、社區醫療網、偏鄉醫療網，所創造的是一個難以複製模仿的跨界資源整合，很遺憾的，台灣在這個產業仍然扮演代工的角色。

產銷整合：工業 4.0

工業化帶來最大的效益就是大量生產，解決物資缺乏的問題，隨著工業化不斷進展，生產效能大增，卻演變為供過於求的產能過剩問題，所有商品面臨低價競爭，企業面臨低毛利高競爭的窘境，這時德國提出了工業 4.0（智慧製造）的產業解決方案：以物聯網技術達到產銷平衡。

物聯網技術讓萬物可聯網，商品離開貨架即可辦理自動出貨，商品離開賣場即可辦理自動賣出，銷售方的資訊即時傳入製造方，製造工廠依據銷售資訊進行：購料→排程→生產，而不再是批量生產→產生庫存，為了達到【依銷售數據生產】的要求，生產線必須進行大規模的變革：

⊚ 工廠內整個生產線上的機器互相聯→互動

⊚ 單一機器人可執行多個不同作業

⊚ 以軟體控制生產線的作業組合，達到少量多樣的生產模式

工業 4.0 的精隨仍然是整合：產銷的整合、生產線的整合！

整合：產業、法規

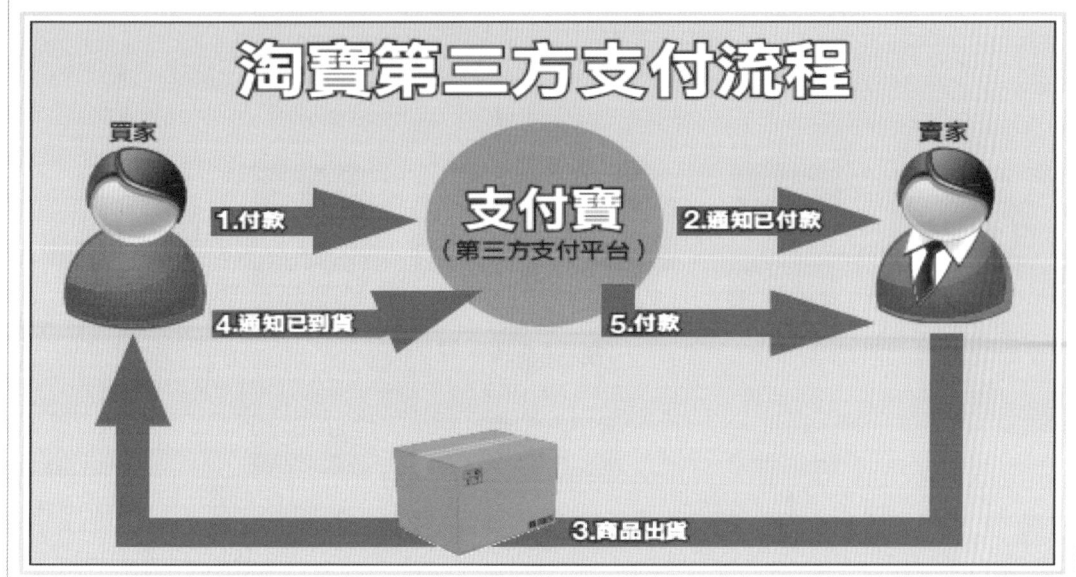

台灣第三方支付的發展比美國晚了 17 年、比中國晚了 11 年，有人說：中國好進步、台灣好落伍…，其實關鍵不在科技，金流是電子商務發展的主軸之一，線上支付流程的整合，更是消費者對於金流信任的基礎，但限於法規，台灣的電商業者無法經營線上支付，而銀行業者對於線上支付業務興趣缺缺，在缺乏第三方支付機制的情況下，台灣電子商務市場產生了大量的商業詐騙事件，因此電子商務的發展緩慢。

2018 年台灣政府開放電商業者從事第三方支付後，台灣才真正進入電子商務元年，透過第三方支付平台的中介，買、賣雙方可以放心做到：一手交錢、一手交貨，健全的交易流程，才能確保交易的公正性，更是商業發展的基本條件。

立法是產業發展的基礎，有健全的法才能吸引國內、國外廠商的投資，已開發國家的進步就是源自於政府法令的健全，與國民守法的精神。

整合：商流→資訊流→金流→物流

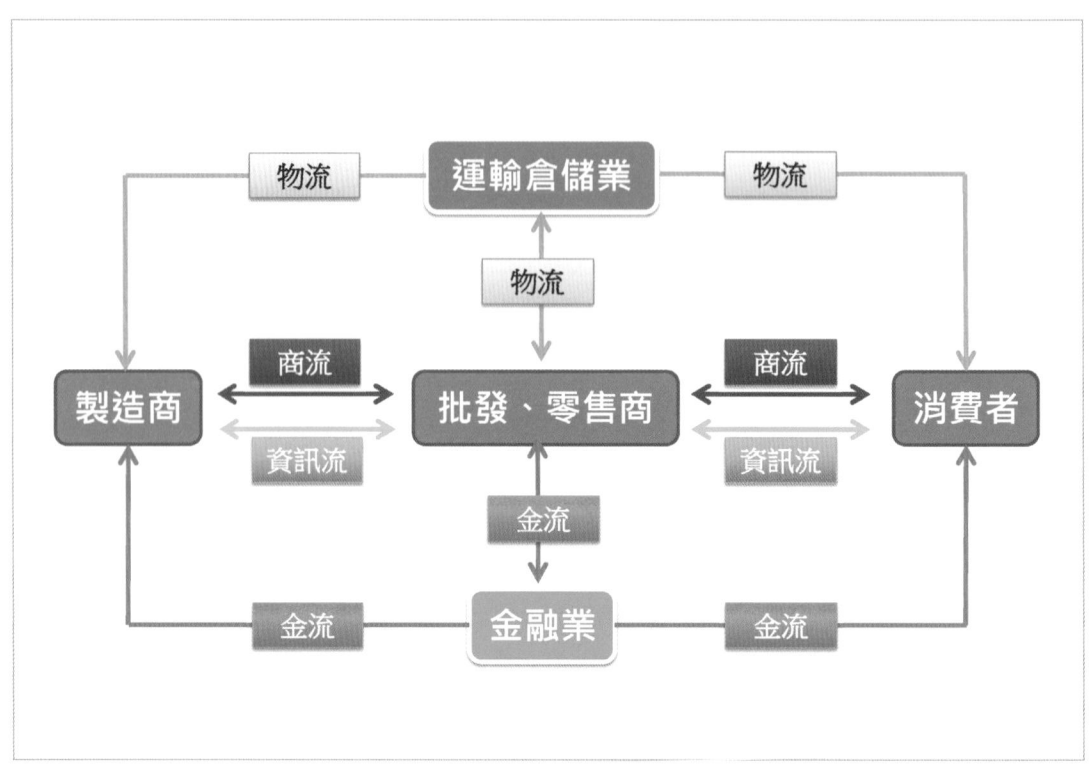

電子商務就是在網路上賣東西，這種說法好像也沒錯…，那我只要做一個網頁放到伺服器上就可以做生意了？好像也沒這麼單純！

商流	網路上千萬個網頁，消費者如何知道你的網頁、網址、商品？因此有人在 Google、Facebook、Line、…刊登廣告。
資訊流	網頁內商品的內容、訂貨單、到貨單、繳款憑證。
金流	網路上下單後付款，透過金融帳戶、信用卡、ATM 轉帳、超商付費、…
物流	廠商收到訂單後，通知物流廠商出貨，將商品配送到客戶家，或退貨時物流公司將退回商品由客戶端運回倉庫。

電子商務就是上列這【4 流】的整合，阿里巴巴由電商起家，切入物流領域，京東由物流起家切入電商領域，要想成為產業的龍頭廠商，只靠一招半式絕對是不夠的，跨界整合才是硬道理。

三角貿易流程整合

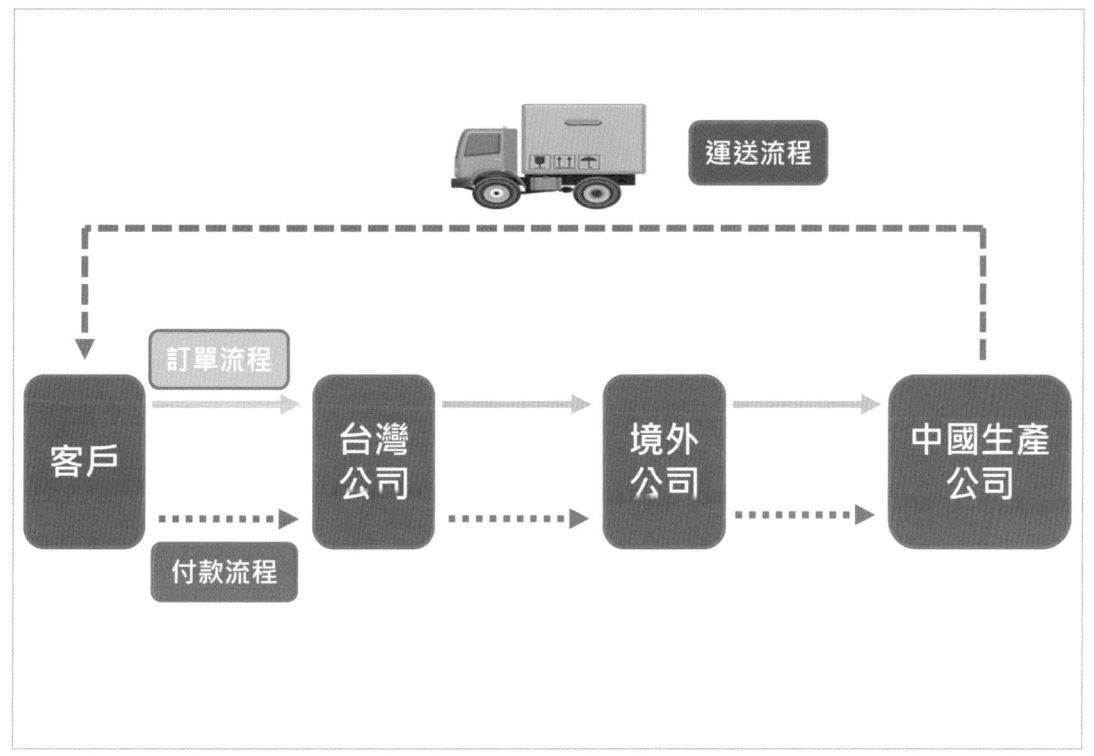

中、港、台三角貿易是一個異數，由於中國是一個半開放的體制，法令的頒布、解釋、執行都存在很大的不確定性，對於企業而言，將資金投入中國是一個很大的風險，由於外匯管制，外商要將獲利匯出中國是受到限制的，因垂涎中國 14 億人口的廣大市場，因此選擇在香港成立境外公司。

中、港、台三地所扮演的角色如下：

台灣總公司	負責接單、研發設計，將訂單轉發給香港境外公司。
香港境外公司	將訂單轉發給中國生產工廠，扮演轉口貿易的角色，盈餘獲利的停泊點。
中國生產工廠	接受香港訂單，生產製造後透過物流將產品運送製客戶端。

這就是規避中國投資風險所產生的三角貿易流程整合，目前外商對於中國的投資 70% 透過香港，港版國安法之後，香港金融、貿易特殊地位將不復存在，上述的商業流程必定面臨重大考驗。

整合：科技、法規、人文

未開發國家、開發中國家由於科技研發基礎薄弱，很難在中高階產品與先進國家競爭，又由於智慧產權觀念薄弱，因此在產業發展初期，中小企業為追求利潤鋌而走險，多半採取仿冒的策略，在地國政府迫於經濟發展需求多半採取縱容仿冒的不作為，取得短期利益，卻喪失自主研發的契機。

1980 年的台灣是仿冒王國，雖然快速拉動經濟，卻為日後的產業升級失敗種下惡因，台灣製造產業外移中國後，同樣從事勞力密集、高汙染低毛利的生產，目前中國的製造業一樣天天喊彎道超車，願意扎實投入科技研發者少。

科技、教育、文化是相輔相成的，笑貧不笑娼的環境下，實事求是、務本經營不會受到鼓勵，從事基礎研發更被視為笨蛋，操短線、走捷徑讓研發、創新被扼殺於搖籃之中，中美貿易大戰、科技大戰，一路挨打的中國不就是因為專利權而被美國掐住咽喉嗎？沒有美國半導體生產技術→沒有台積電代工生產→更沒有華為高階 5G 設備！

案例：Amazon

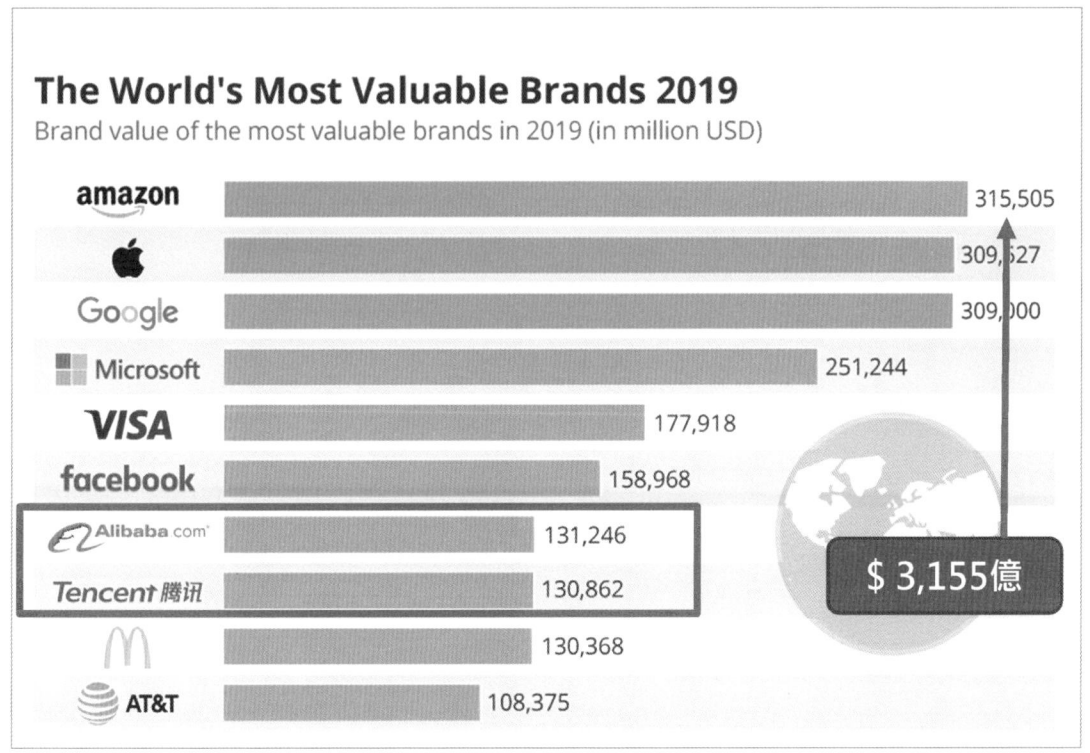

2019 年全球最值錢的品牌由 Amazon 奪冠，再仔細看看…，前 10 名由美國企業包辦 8 名，2 個漏網之魚是中國的阿里巴巴、騰訊。

Amazon 品牌為何值錢？因為它是全球電商龍頭？根據統計資料阿里巴巴的營業額、營業利益都高於 Amazon，但品牌價值卻只有 Amazon 的 1/3！

Amazon 目前公司獲利 70% 來自於雲端服務 AWS，AWS 全球市佔率約 50%，輾壓傳統軟體、網路大廠：Google、Microsoft、IBM、…，Amazon 就是一家不斷創新的科技公司：一鍵下單、無人商店、語音數位助理、AWS、…，Amazon 著眼於企業長期發展，賺 1 元投資 10 元、賺 10 元投資 100 元、…，因此短期財務報表表現並不傑出，CEO 貝佐斯一路走來不理會華爾街分析師的冷嘲熱諷，專注於企業長期經營策略！

阿里巴巴是專注於賺今天的錢！ Amazon 卻想著賺 10 年後的錢，兩家公司的經營邏輯與投資策略自然是大相逕庭！

貝佐斯的不凡

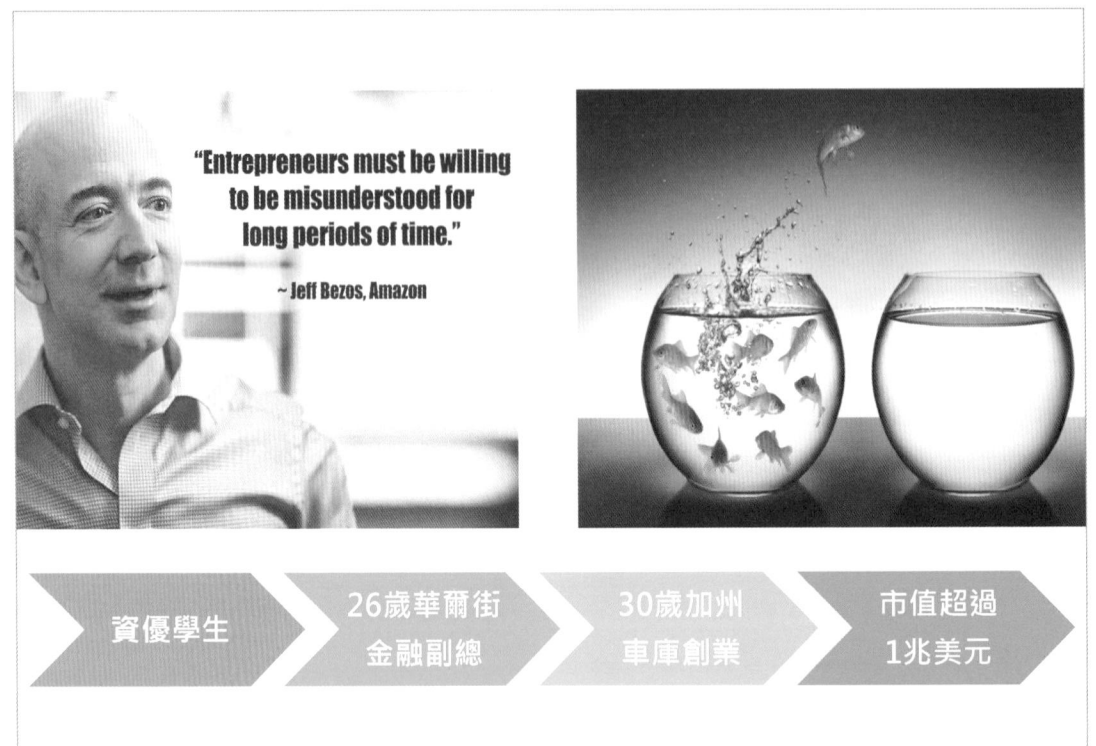

"Entrepreneurs must be willing to be misunderstood for long periods of time."

~ Jeff Bezos, Amazon

| 資優學生 | 26歲華爾街金融副總 | 30歲加州車庫創業 | 市值超過1兆美元 |

貝佐斯名言:「企業家必須甘於忍受長期的誤解!」,為什麼呢?因為成功的企業著眼於 10 年或是更長遠的未來發展,長遠的未來卻是凡人看不懂的未知,因此必然不被理解,20 年前 Amazon、今天的 Tesla 都是被華爾街分析師唱衰的成功企業。

貝佐斯從小就是個資優生,大學畢業以第一名成績代表畢業生致詞,26 歲任職華爾街大型金融機構副總,但卻在人生事業巔峰時刻,30 歲離開華爾街前往加州,拋開既有的一切從車庫創業重新出發,若是你…,你自己有這種膽識、你的家人會同意支持嗎?果然…,亞洲傳統思維無法教育出創新的 CEO。

【華爾街大型金融機構副總】是一般凡人的終身目標,而貝佐斯所選擇的卻是不凡中的不凡,Amazon 王國已是全球頂尖企業,貝佐斯放棄穩定發展的舒適生活圈,跳入完全未知的創新未來,不計世人毀譽,堅持創新初心,這就是成就美國夢(American Dream)的超凡價值觀!

Amazon 的第一步…

Amazon 創業的初心就是:「賣世上一切東西」,但如何切入市場呢?身為全球第一家電子商務公司:在網路上賣東西,網路:看不見、摸不著,商品品質如何確保、如何確保不是網路詐騙?這是由實體商務進入電子商務首先必須克服的課題!

美國身為世界龍頭確實有過人之處:鼓勵創新,1992 年美國高等法院決議:「網路交易免稅」,一直到 2018 年才廢止免稅法案,提供電子商務 26 年發展的絕佳條件。

Amazon 選擇進入網路市場的商品是「書」,同一本書無論由哪一個通路購買,都會有相同的品質,因為來自於同一家圖書公司,這個聰明的抉擇,成功地降低了消費者對於網路購物商品品質的疑慮。

免稅政策提供消費者上網購物的誘因,Amazon 的商品提供消費者品質信心,電子商務在美國這塊創新樂土上展翅高飛,今天已改變全球人的生活。

以創新為企業核心競爭力

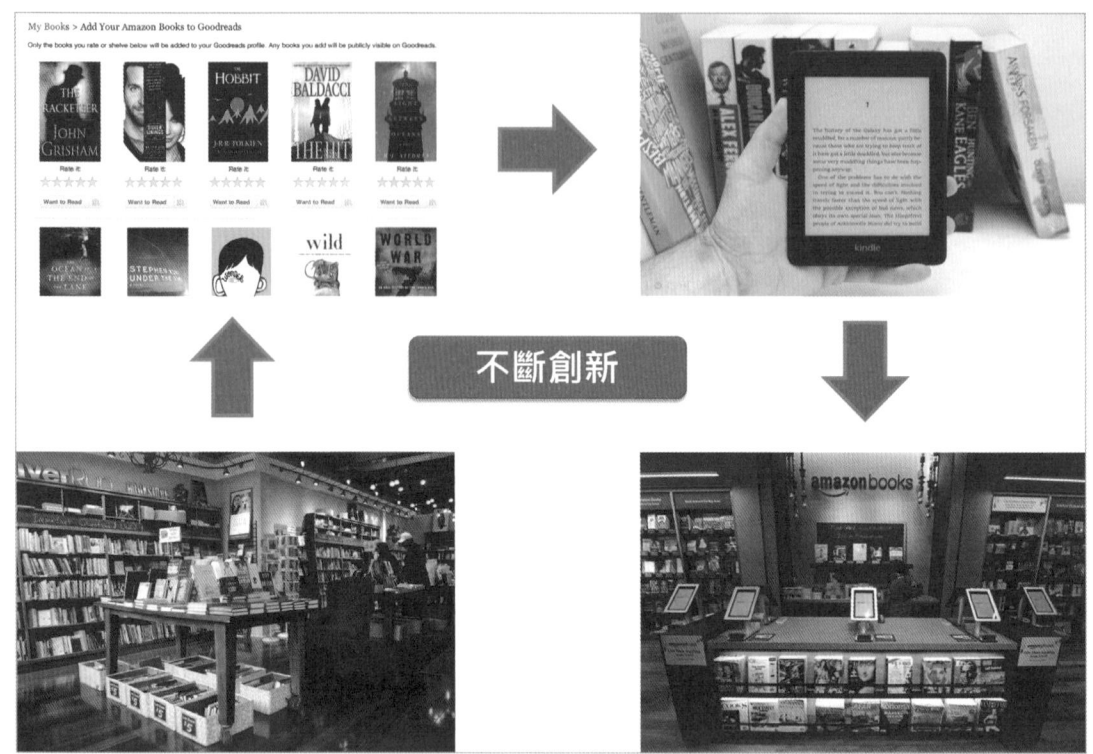

不斷創新

Amazon 能夠成為全球最大電子商務公司，最主要的優勢來自於不斷的創新、蛻變，以明天的 Amazon 取代今天的 Amazon，最經典的案例便是開創電子書市場。成為全球最大網路書商之後，Amazon 並沒有停下腳步，網路上賣實體書絕對不是最佳方案，因為「書」是資訊的傳遞，而實體書就是將資訊印在一堆紙上，若透過網路傳遞書籍內容，使用行動裝置顯示書籍內容，那根本就不需要列印成實體書了，以電子書取代實體書將產生以下效益：

- 提高時間效率，一本電子書下載不超過 30 秒，隨時隨地可下載。

- 無印刷成本、物流成本。

- 書籍內容改版成本低、效益高。

- 電子書價格遠低於實體書，獲得消費者認同。

此方案成功的最大關鍵，在於 CEO 貝佐斯對於科技創新的堅持，他任命原實體書籍銷售部門主管，為新創電子書部門主管，給予唯一任務：「設法打趴實體書銷售部門」，這是多麼偉大的遠見與胸懷。

✕ 以物流為 O2O 整合利器

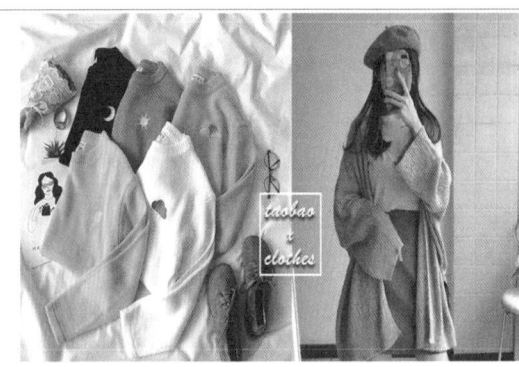

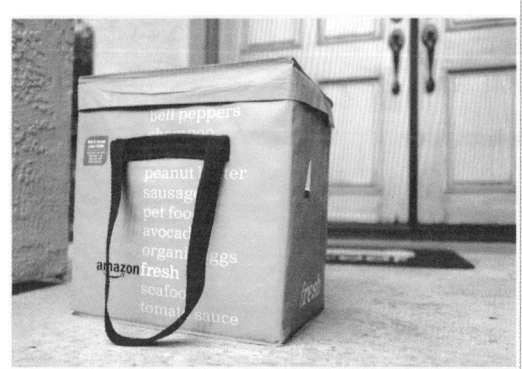

成功佔領網路購物的 Amazon，將發展的目標移動至實體商店，需要消費者體驗的商品，例如：鞋子、衣服、飾品、生鮮、食品、…，網站上的圖片、影片無法取代體驗感覺的商品，相同的商品對於不同消費者有極大的體驗差異：顏色、尺寸、材質、新鮮度、食品衛生、…，問題真不少。

Amazon 強大的物流體系提供兩個優勢：

⊚ 2 天內到貨保證。

⊚ 不滿意即可退貨，不需理由。

消費者訂購商品時沒有任何心理負擔，不須負擔任何費用，網路上看喜歡就下訂，不滿意就退貨，在家裡就可體驗商品，何樂而不為！

物流的規模經濟、成本控制沒有人比的上 Amazon，這也是 Amazon 可以讓消費者把商品體驗搬回自己家中的致勝關鍵。

以客為尊的科技創新

今天大家使用 APP 上網購物，一指搞定十分便利，那是因為所有廠商都使用 Amazon 開發的一鍵下單專利技術，除此之外：一按下單、一說（一掃）下單、一拍下單、管家下單、…（請參考上圖、教學影片），Amazon 竭盡洪荒之力就是達到以消費者為尊的目的，而其手段就是科技創新。

鴻海企業創始人郭台銘有句名言：「成功的人想方法，失敗的人找藉口」，在商業競爭環境中人人都知道【以客為尊】，但用嘴巴說的居多，當多數企業身陷於以下常見的客訴問題時：購物流程不貼心、客服人員不親切、網頁說明不詳細、售後服務不及時、…，Amazon 卻是以科技創新服務讓消費者驚艷連連，在一連串的科技創新問世之後，許多人開始質疑：「Amazon 是電商公司嗎？」，一鍵下單→商務軟體公司，家庭數位助理→物聯網公司，AWS →雲端服務公司，其實這一切都是為了【以客為尊】的目的所研發的技術、產品。

飛輪理論→營業增長→壟斷通路

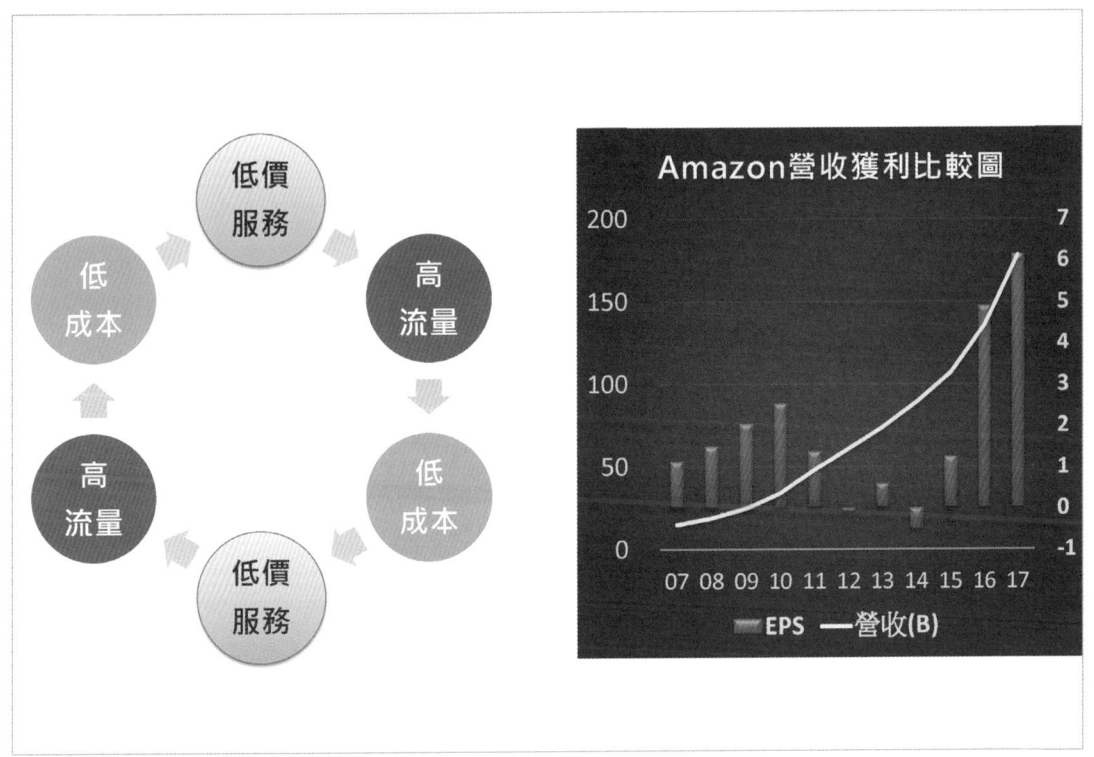

財務報表是傳統的公司經營指標：資產負債、現金流量、損益、EPS，這樣的指標充其量只是保守、穩健指標，對於新創企業、創新商業模式的公司是毫無意義的，因為財務報表為一個年度週期的營運報告，為了討好投資者、華爾街分析師，公司經營決策大多遷就短期目標，一家公司若 EPS 很高，傳統的解讀是經營績效好，但仔細思考就會發現是「短期」績效好，以下是 Amazon 的創新商業模式：

> 著眼於永續經營，賺 1 元投資 10 元、賺 10 元投資 100 元，不斷的投資、研發，逐漸形成資本、技術的競爭門檻。

以「客戶滿意」為企業中心思想，為提供客戶更低價格，不斷降低售價，免費配送到府、提供各式各樣優惠方案，更無所不用其極的壓低供應商的價格，然後進一步再降價給客戶，另利用美國各州稅法的差異性，為消費者節省消費稅，塑造 Amazon 是業界最低價的概念。

運算資源整合

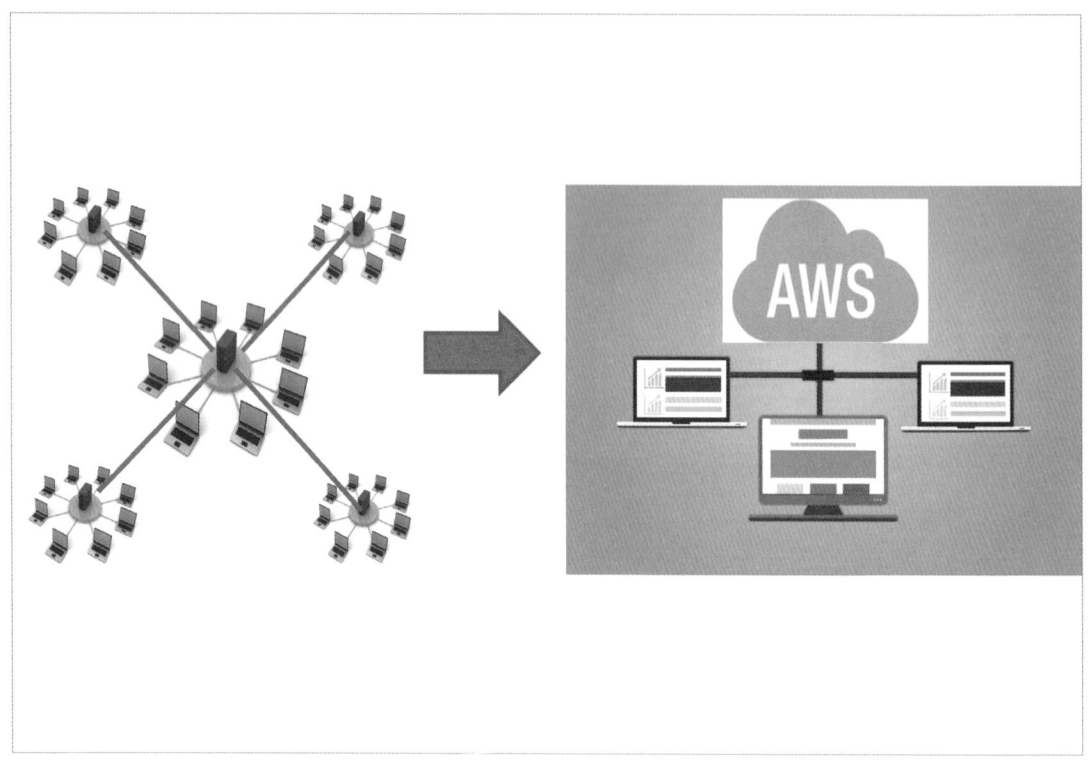

Amazon 是一家科技創新公司，CEO 貝佐斯鼓勵各單位積極提出創新方案，而每一個創新提案勢必需要資訊系統的支援，在傳統資訊管理系統下，硬體、軟體需求的大幅度成長，對 Amazon 資訊部門的管理形成極大的壓力。

貝佐斯要求資訊團隊研發新型態資訊系統架構，任務如下：

⊙ 讓所有新創系統可以彈性增加：軟體、硬體。

⊙ 系統間可獨立運作，不會因為一個系統崩壞而使整體系統當機。

⊙ 全球各單位均可分享此系統。

於是 Amazon Web Service 橫空出世，對於中小型新創企業、全球化企業的海外新創方案而言，AWS 無疑是最佳的資訊系統建構方案，一個因為企業內部創新需求而衍伸出來的暢銷服務，如今 Amazon 整體獲利的 70% 來自於 AWS，AWS 更是雲端服務產業的龍頭廠商，將所有跟進的競爭者遠遠甩在後頭。

大數據行銷

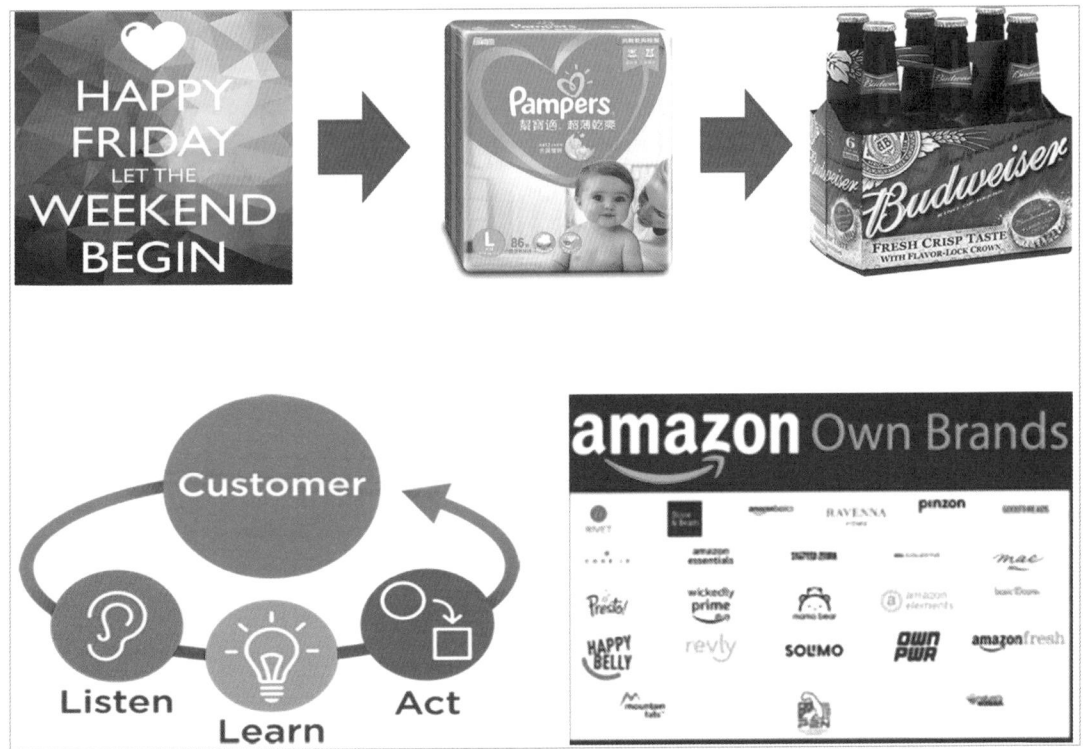

設立網站幫商家賣東西，對於商品的品質、價格無法進行實質的掌控，當
Amazon 的規模越大、品牌忠誠度越高時，Amazon 開始跨入自有品牌，但
Amazon 卻不會因此去打壓在 Amazon 網站上的第三方賣家，因為第三方賣家
最大的功能在於提供更低價的供貨來源，Amazon 一旦由交易資料中發掘某一
第三方賣家商品價格低於 Amazon，就會積極的找尋更低價的供應商，以塑造
Amazon 最低價的市場品牌優勢。

由於掌握龐大消費者交易紀錄，對於消費者需求有更深入的了解，因此在進
行商品行銷、促銷，甚至於自我品牌商品的選擇都更為精準。

透過大數據，Amazon 與所有消費者進行雙向交流：Listen → Learn → Act，也
就是透過資料庫去傾聽消費者需求，透過人工智慧做整理判斷，最後推出符
合消費者需求的個人化行銷專案。

大智慧投資哲學

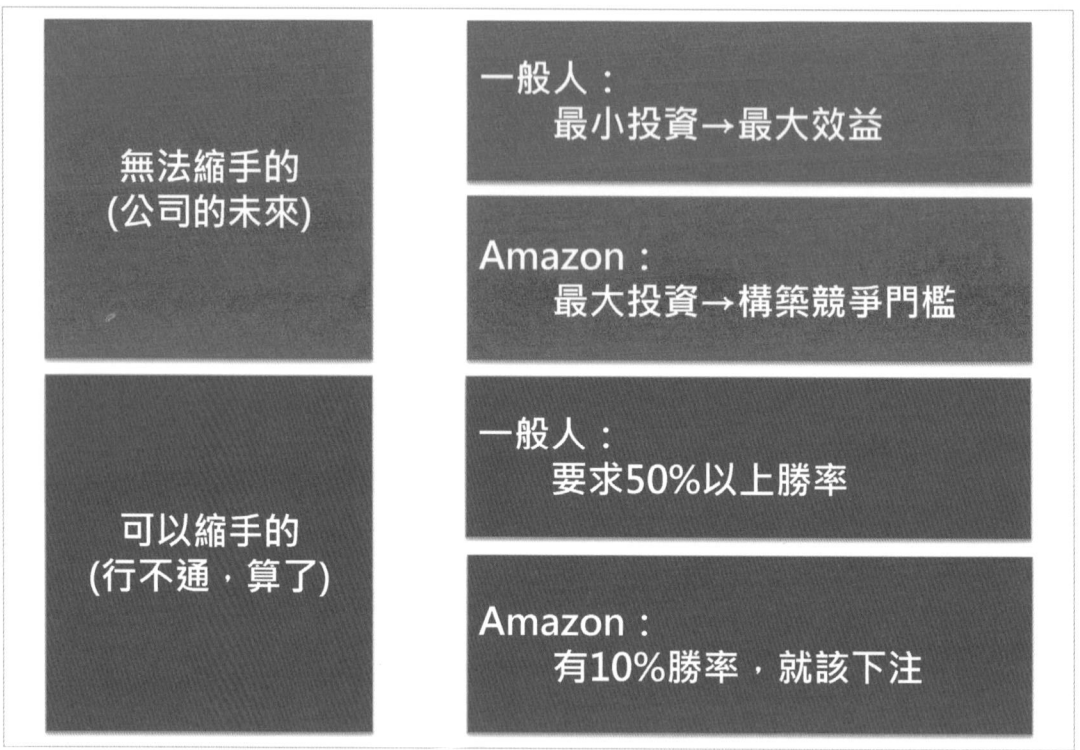

Amazon 投資哲學：

⊙ 將創新投資分為 2 類：

A. 無法退縮的（公司的未來）

B. 可以退縮的（行不通，那就算了）

⊙ 未確定方案可行之前，不投入大錢。結果：輸小錢、賺大錢

⊙ 投入最大金額，讓競爭對手無力負擔。

（傳統思維：投入最小金額，取得最大競爭優勢）

華爾街那些接受傳統教育的分析師，看不懂偉大企業家的商業布局，不斷質疑 Amazon 是燒錢的企業、就快要倒閉了⋯，應驗了 CEO 貝佐斯說的：「偉大的企業家必須樂於被長時間誤解！」。

案例：TESLA

德國經濟部長

什麼時候我們才能做出

有特斯拉一半性感的電動車？

德國是全球製造工藝最頂尖的國家，雙 B 轎車（Ben 賓士、BMW 寶馬）不但行銷全世界更是企業菁英的最愛，然而，Tesla 電動車的出現，打破了數十年來由少數國際大廠寡占的【車】產業，傳統車廠由一開始的不認同、嘲諷，但現在大夢初醒，紛紛投入電動車研發，誓言奪回昔日疆土。

德國經濟部長在一次公開會議中對著德國汽車業者說：

什麼時候我們才能做出，有特斯拉一半性感的電動車？

你沒看錯！是性感而不是性能，Tesla 不只是一輛將汽油引擎轉換為電動馬達的車，更是一輛將要挑戰無人駕駛的智能車，車內所有開關全部集中在中控大螢幕，機械式開關、按鈕全部消失了。

傳統車廠想要急起直追，可惜⋯，Tesla 不只是一部【車】，就如同 iPhone 不只是一支電話，而是一隻智能電話，因此 Nokia 退出江湖了！

現代鋼鐵俠：伊龍馬斯克

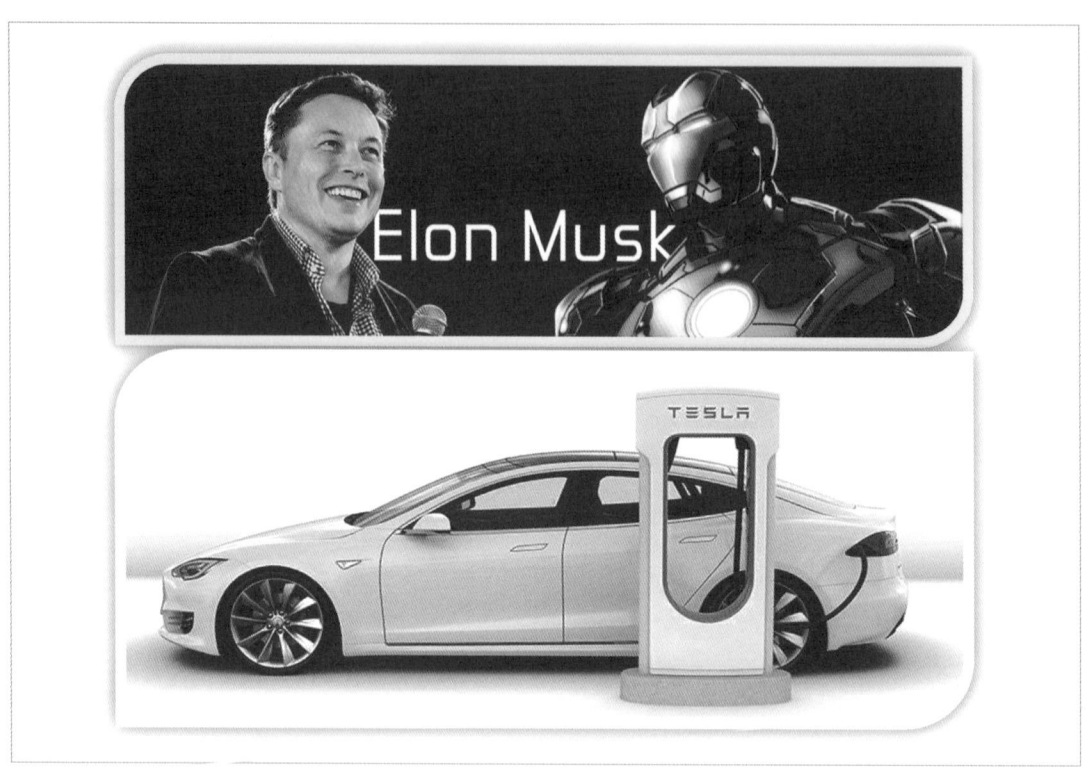

Elon Musk（伊龍馬斯克）被稱為現實版鋼鐵俠，充滿創意與執行力，但也是最具爭議話題的企業家，筆者認為他更是最傑出行銷專家。

電動車的研發與製造已有很長的歷史，但 Tesla 純電動車上市之後，居然佔據媒體版面、歷久不衰，其過人之處在於以下幾點：

A. 突破傳統電池製造技術，大幅提升電動車效能。

B. 擺脫傳統汽車設計思維，從 0 開始，將車輛定位為智能化產品。

C. 完整產業鏈布局：電池 → 汽車 → 充電樁 → 能源系統。

D. 對資本市場有強大說服力，提供粉絲無窮盡的美好未來。

E. 擁有炒熱新聞話題的 CEO：Elon Musk。

🔀 行銷 3 部曲

**1. 幹掉超跑** **Product**		車型：Roadster 價格：10萬美金 年度：2008
2. 幹掉雙 B **Product**		車型：Model X、S 價格：7 萬美金 年度：2012、2014
3. 幹掉豐田 **Price**		車型：Model 3 價格：3.5萬美金 年度：2016

Model 3開放線上預購創下40萬輛佳績

由於傳統汽車大廠對於電動車的保守發展策略，因此消費者對於電動車的印象一直停留在：高爾夫球車、殘障電動輪椅、觀光導覽車、…，也就是缺乏馬力、續航力的車輛。

身為全球第一家純電動車廠（量產），Tesla 的使命就是改變消費者的既有印象，Tesla 於 2008 年推出 Roadster，以性能做直球對決挑戰超級跑車，果然一鳴驚人，震撼整個汽車界，接著 2012 ～ 2014 年分別推出 Model X、S，挑戰高端品牌如雙 B（奔馳、寶馬），以舒適、豪華、科技感為訴求重點，最後以簡約的科技感征服高端科技新貴，成為時尚車款。

請特別注意！想要真正改變市場，就必須回到庶民經濟，Tesla 於 2016 年再度推出 Model 3，以 3.5 萬美金低價進入市場，以價格對決國民品牌 Honda、Toyota，Model 3 目前已成為全球最暢銷純電動車車型，目前全球各大傳統車廠，均已體認電動車的時代來臨，紛紛加入電動車產業的研發與製造，一個汽車產業門外漢花了十幾年，顛覆整個車輛產業，請各位讀者仔細品味 Elon Musk 的行銷 3 部曲。

市值超越 TOYOTA

2019全球汽車銷售(萬輛)			
1：1000	2：970	6：490	36.5
市值 (億美元)　1,800			1,900
2020-06-10			

由上圖資料可知，Tesla 的年產量約只有 TOYOTA 產量的 1/30，Tesla 市值竟然超越 TOYOTA 成為全球市值最大車廠。

市值是由資本市場共同以股票買賣所產生的共同價值，上面的結果正式宣告汽油車時代結束→電動車時代來臨，而 Tesla 就是新時代的領導廠商，只談【汽油→電池】的能源轉換議題就太狹隘了，也突顯大多數華爾街分析師的無知，Tesla 的第一代創新為【電池】，第二代創新為【智能】，電池所涉及的只是綠色能源純粹是商業口號，智能談的是【自動化】：輔助駕駛→無人駕駛，這其中就蘊含無限商機。

試想：一個大車隊，完全不需要駕駛，或者駕駛就在家中使用滑鼠、螢幕監控整個車隊的行進，藉由系統協助一個人可以監控幾十個車隊，車子的動力來自於電池，車子上方配置大型太陽能板，…，你的想像力有多高，商機就有多大！

產業整合

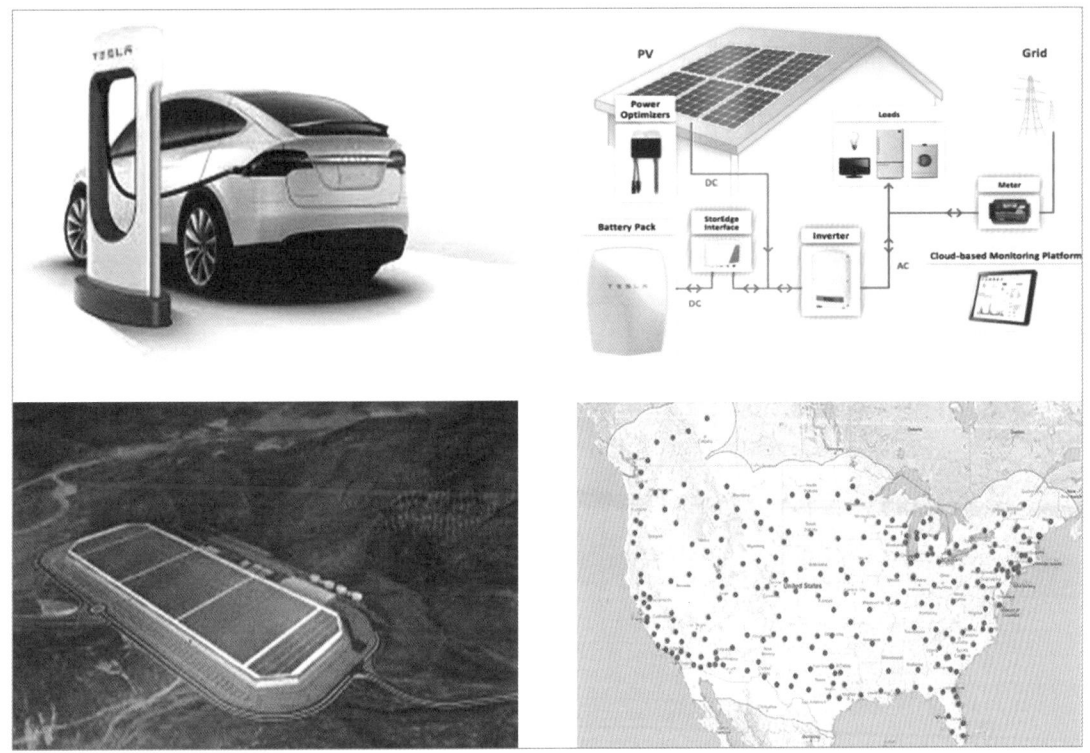

Tesla 除了完整、縝密的行銷計劃,更具備超強的執行力,列舉如下:

A. 與 Panasonic 合作建立全球最大鋰電池工廠,並開發最先進電池能源管理系統。

B. 與全球商場、飯店、餐廳、停車場合作,建立電動車充電樁,提高長途旅程的充電便利性。

C. 研發無人自動駕駛系統,讓車輛蛻變為人工智慧的交通工具,就如同 APPLE 智能手機顛覆傳統手機的劇碼一般。

D. 目前在中國、歐洲分別設立大型車廠,以避免各國貿易保護的干擾。

E. 併購 SolarCity 太陽能系統公司,提供:電動車充電 → 家庭用電 → 企業、政府備用電源系統,展開一系列的綠能科技的延伸。

Elon Musk 目前更提出無人出租車的戰略構思,消費者買一部 Tesla,除了自用外,閒置時間可以自行開出去接單賺錢,瘋狂嗎?

政府法令

德國2030年前
禁售燃油汽車

加州將砸30億美元
補助購買電動車

歐盟2019年起
新屋必須安裝電動車充電裝置

每一個國家都有不同的產業政策，因此各國發展的領域也不同，例如：歐洲強項為【環保、醫療】，美國強項為【科技創新、金融創新】，而產業政策落實的第一步就是【立法】，例如：歐盟的環保法規是最嚴格的，美國新創公司籌資是最便利的。

而 Tesla 的崛起同樣有賴於產業政策下的配套法規：

A. 美國加州政府砸 30 億美元補助購買電動車

B. 全世界各國政府訂定汽油車販售落日條款

C. 電動車產業相關設施配套法規

　　歐盟規定 2019 年開始所有新建房屋必須配置電動車充電裝置

若是沒有 A	電動車發展初期價格太高，完全不具備價格競爭力。
若是沒有 B	傳統大廠不會積極投入電動車市場，各項電動車零件成本無法降低，無法將產業的餅作大。
若是沒有 C	充電不方便，消費者是不會採購電動車的。

籌資能力

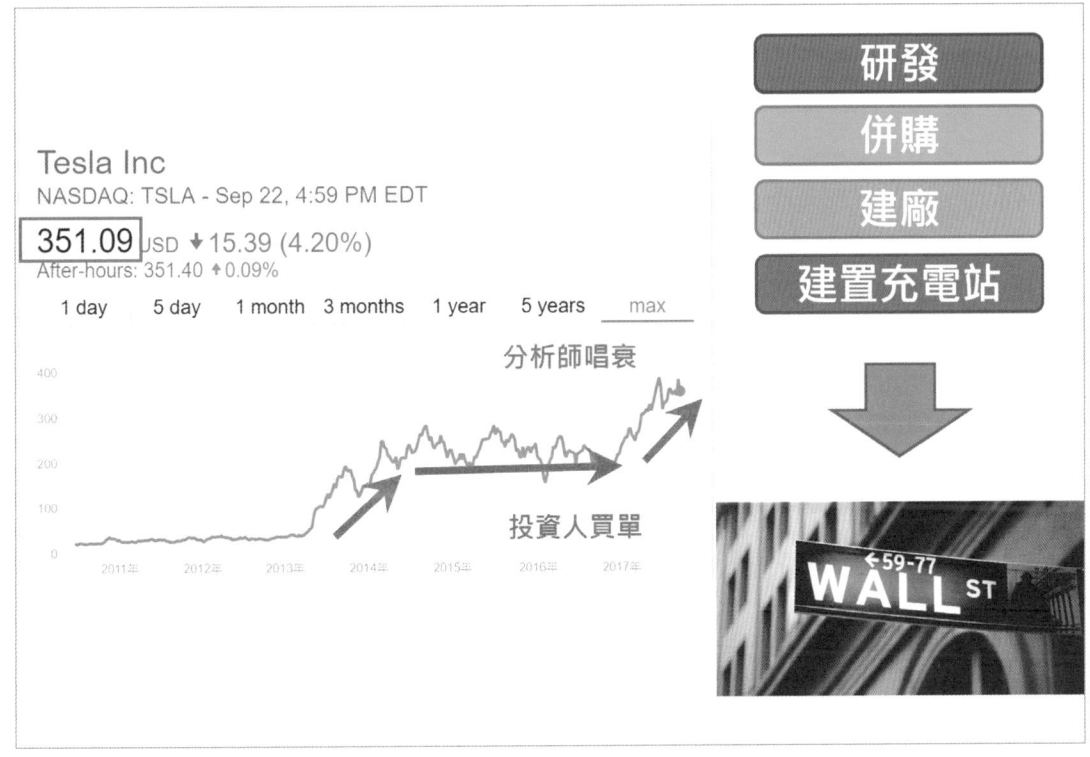

一個企業家的核心能力為何？會做生意？有創意？精打細算？會用人？…，這些企業家特質都是大家耳熟能詳的，然而筆者認為，這些都只是【小】商人的特質而已！

全球性、開創性的創新、研發都需要【大資本】、【長時間】，以 Tesla 為例，由 0 開始、100% 創新，所有的研發都必須長期投入大資本，而成熟且具有商業價值的產品卻必須等待 10 ～ 20 年，甚至更久，要由公開市場集資就必須有動人的夢想，更需要逐夢踏實的執行力，Tesla 的 CEO 伊龍就是一個天生的行銷專家，在 Tesla 無數次被華爾街分析師唱衰後，Tesla 一樣獲得投資者的認同，源源不斷取得資金，而 Tesla 也不斷以新的產品與市場成績回報投資者。

伊龍的另一家新創公司 Space X 太空探索公司，也是歷經多次火箭發射失敗，幾乎耗盡一切營運資金面臨倒閉，同樣的，伊龍再一次以個人獨特魅力獲得市場資金，才成就今日 Space X 的市場地位。

Elon Musk 的事業

馬斯克創業之初規劃三個最想涉足的領域,如今開花結果,成就如下:

網際網路	PayPal 是全球第一個線上支付系統,大幅提高線上支付的效率與方便性,為馬斯克賺到後續創業的第一桶金。
再生能源	Tesla 是全球第一家量產電動車廠,與 Panasonic 合作成立全球最大電池生產工廠,更併購了 SolarCity 太陽能公司,讓家用能源與電動車充電形成一個整合方案,更為各地政府提供大型備用電源方案。
太空探索	成立 Space X 從事火箭發射業務,開發回收式火箭發射技術,大幅降低火箭發成本,目前幾乎壟斷商用衛星發射市場,台灣的福為 5 號、7 號衛星都是委託 Space X 發射的,Space X 更利用技術優勢開展 Starlink 星鏈計畫,將發射數萬顆人造衛星,以解決極地、偏鄉網路通訊問題。

夢想有多大,事業才能有多大!亞洲的學子們,做白日夢不是壞事!

✖ 習題

( ) 1. 在【產業資源整合】單元中，以下哪一個項目不是 ERP 的效益？
   (A) 流程整合
   (B) 部門整合
   (C) 企業整合
   (D) 發大財

( ) 2. 在【產品整合】單元中，有關智慧手機的敘述，以下哪一個項目是
   錯誤的？
   (A) 傳統商品式微是因為景氣差
   (B) 智能手機為萬用機
   (C) 科技進步迫使需多產品退出市場
   (D) 科技進步造就許多明星產品

( ) 3. 在【服務整合】單元中，有關於第三方物流的敘述，以下哪一個項
   目是錯誤的？
   (A) 提供一條龍服務
   (B) 不包含包裝服務
   (C) 客戶只要下單即可
   (D) 提供 One Stop Service

( ) 4. 在【部門整合】單元中，有關虛實整合的敘述，以下哪一個項目是
   錯誤的？
   (A) 虛實整合 = O2O
   (B) 線上 = Online
   (C) 線上線下搶業績是進步的動力
   (D) 線下 = Offline

( ) 5. 在【企業整合】單元中，有關全聯福利中心的敘述，以下哪　個項
   目是錯誤的？
   (A) 主打平民價格
   (B) 鎖定 3 個領域：食品、清潔用品、生鮮
   (C) 與關係企業寶雅互補性高
   (D) 商品毛利高

( ) 6. 在【異業產品整合】單元中，有關醫美與觀光產業整合的敘述，以下哪一個項目是錯誤的？

(A) 不符合市場需求

(B) 都是有錢有閒的產業

(C) 兩個產業消費者高度重疊

(D) 以旅遊包裝醫美是絕佳組合

( ) 7. 在【異業技術整合】單元中，有關 Google 與 Levi's 的合作案敘述，以下哪一個項目是錯誤的？

(A) 生產智慧衣

(B) 提供智能障礙解決方案

(C) 在布料中植入電子線路

(D) 讓身體的資訊即時上傳雲端

( ) 8. 在【物聯網產業整合】單元中，以下哪一個產業不包含在智慧衣核心產業之中？

(A) 紡織

(B) 通訊

(C) 虛擬實境

(D) 生物醫療

( ) 9. 在【產銷整合：工業 4.0】單元中，有關工業 4.0 的敘述，以下哪一個項目是錯誤的？

(A) 以物聯網技術達到產銷平衡

(B) 少量多樣的生產模式

(C) 以軟體控制生產線的作業組合

(D) 是資訊化生產

( ) 10. 在【整合：產業、法規】單元中，有關於第三方支付，以下哪一個項目是錯誤的？

(A) 台灣發展落後原因在於行政單位

(B) 是電商發展的基礎

(C) 讓線上交易可以達到銀貨兩訖

(D) 台灣比中國落後 11 年

( ) 11. 在【整合：商流→資訊流→金流→物流】單元中，以下哪一個項目
是錯誤的？

　　(A) 在 Google 登廣告→商流
　　(B) 超商付費→資訊流
　　(C) 線上轉帳→金流
　　(D) 商品配送到客戶家→物流

( ) 12. 在【三角貿易流程整合】單元中，有關三角貿易的敘述，以下哪一
個項目不是牽涉其中的地區、國家？

　　(A) 台灣
　　(B) 香港
　　(C) 日本
　　(D) 中國

( ) 13. 在【整合：科技、法規、人文】單元中，有關中國產業發展的敘
述，以下哪一個項目是錯誤的？

　　(A) 研發創新是產業發展的根本
　　(B) 歐美進步是因為大量投入研發
　　(C) 仿冒將創新被扼殺於搖籃之中
　　(D) 彎道超車是智者所為

( ) 14. 在【案例：Amazon】單元中，有關於 2019 全球最有價值品牌的敘
述，以下哪一個項目是錯誤的？

　　(A) 第二名是 Alibaba
　　(B) 第一名是 Amazon
　　(C) 前 10 名美國企業包辦 8 名
　　(D) Amazon 是著眼於賺未來的錢

( ) 15. 在【貝佐斯的不凡】單元中，有關貝佐斯的敘述，以下哪一個項目
是錯誤的？

　　(A) 早期 Amazon 是被分析師唱衰的
　　(B) 穩定中求發展是貝佐斯的職涯規劃
　　(C) 偉大的 Amazon 來自於貝佐斯的創新
　　(D) 拋棄世人羨慕的穩定職涯

( ) 16. 在【Amazon 的第一步…】單元中，有關 Amazon 的敘述，以下哪一個項目是錯誤的？

(A) 賣世上一切東西

(B) 選擇進入網路市場的商品是書

(C) 成功完全來自於企業的努力

(D) 免稅政策提供消費者上網購物的誘因

( ) 17. 在【以創新為企業核心競爭力】單元中，有關 Amazon 電子書的敘述，以下哪一個項目是錯誤的？

(A) 無印刷成本、物流成本

(B) 書籍內容改版成本低

(C) 電子書價格遠低於實體書

(D) 容易被盜版

( ) 18. 在【以物流為 O2O 整合利器】單元中，有關 Amazon 物流的敘述，以下哪一個項目是錯誤的？

(A) 外包給第三方物流公司

(B) 2 天內到貨保證

(C) 不滿意即可退貨不須費用

(D) 讓消費者把商品體驗搬回家中

( ) 19. 在【以客為尊的科技創新】單元中，以下哪一個項目不是 Amazon 的科技創新？

(A) 一鍵下單

(B) Amazon PapaGo

(C) Amazon Dash

(D) Amazon Echo

( ) 20. 在【飛輪理論→營業增長→壟斷通路】單元中，有關於 Amazon 的創新商業模式的敘述，以下哪一個項目是錯誤的？

(A) 以客戶滿意為企業中心思想

(B) 建構資本、技術的競爭門檻

(C) 降低成本提高獲利

(D) 降低售價壟斷通路

（　）21. 在【運算資源整合】單元中，有關 AWS 的敘述，以下哪一個項目是錯誤的？

(A) Amazon Web Service
(B) Amazon 整體獲利的 70% 來自於 AWS
(C) 可以彈性增加軟體、硬體
(D) 技術來自於併購企業

（　）22. 在【大數據行銷】單元中，有關 Amazon 網路經營策略的敘述，以下哪一個項目是錯誤的？

(A) 打壓第三方賣家
(B) 由第三方賣家得知更低商品進價
(C) 透過資料庫去傾聽消費者需求
(D) 切入自有品牌市場

（　）23. 在【大智慧投資哲學】單元中，有關 Amazon 投資哲學的敘述以下哪一個項目是錯誤的？

(A) 以最大投資構築競爭門檻
(B) 有 50% 的勝率才下注
(C) 賠小錢賺大錢
(D) 將創新投資分為 2 種：無法退縮的、可以退縮的

（　）24. 在【案例：TESLA】單元中，有關於 Tesla 的敘述，以下哪一個項目是錯誤的？

(A) 將汽油引擎轉換為電動馬達的車
(B) 將要挑戰無人駕駛的智能車
(C) 尚無力挑戰雙 B 轎車
(D) 車內機械式開關全部消失了

（　）25. 在【現代鋼鐵俠：伊龍馬斯克】單元中，有關於伊龍馬斯克與 Tesla 電動車的敘述，以下哪一個項目是錯誤的？

(A) 突破傳統電池製造技術
(B) 將車輛定位為智能化產品
(C) 完整產業鏈布局
(D) 天天說大話的演說家

（　）26. 在【行銷 3 部曲】單元中，有關於 3 部曲的敘述，以下哪一個項目
是錯誤的？
(A) Model 3 是性能最佳的跑車
(B) 直球對決挑戰超級跑車
(C) 挑戰高端雙 B 品牌
(D) 以價格對決國民品牌 Honda、Toyota

（　）27. 在【市值超越 TOTOTA】單元中，有關 Tesla 的敘述，以下哪一個項
目是錯誤的？
(A) 全球市值最大車廠
(B) 全球產量最大車廠
(C) 第一代創新為電池
(D) 第二代創新為智能

（　）28. 在【產業整合】單元中，有關 Tesla 的敘述，以下哪一個項目是錯
誤的？
(A) 開發最先進電池能源管理系統
(B) 建立全球電動車充電椿
(C) 以紀念愛迪生命名
(D) 研發無人自動駕駛系統

（　）29. 在【政府法令】單元中，有關各國產業發展的敘述，以下哪一個項
目是錯誤的？
(A) 歐洲強項為環保、醫療
(B) 美國強項為科技創新
(C) 歐盟的環保法規是最嚴格的
(D) 中國新創公司籌資是最便利的

（　）30. 在【籌資能力】單元中，對於全球性創新企業而言，以下哪一個項
目是 CEO 最重要的核心能力？
(A) 籌資能力　　　　　　　　(B) 精打細算
(C) 有創意　　　　　　　　　(D) 會做生意

（　）31. 在【Elon Musk 的事業】單元中，以下哪一個項目不是 Elon Musk 創
業之初規劃三個最想涉足的領域？
(A) 網際網路　　　　　　　　(B) 機器人
(C) 再生能源　　　　　　　　(D) 太空探索

習題解答

Chapter 0　商業概論

1. A　2. B　3. C　4. D　5. A　6. B
7. C　8. D

Chapter 1　資訊 vs. 企業經營

1. A　2. B　3. C　4. D　5. A　6. B
7. C　8. D　9. A　10. B　11. C　12. D
13. A　14. B　15. C　16. D　17. A　18. B
19. C

Chapter 2　組織運作

1. D　2. A　3. B　4. C　5. D　6. A
7. B　8. C　9. D　10. A　11. B　12. C
13. D　14. A　15. B　16. C　17. D　18. A
19. B　20. C　21. D　22. A

Chapter 3　ERP 概論

1. B　2. C　3. D　4. A　5. B　6. C
7. D　8. A　9. B　10. C　11. D　12. A
13. B　14. C　15. D　16. A　17. B　18. C
19. D　20. A　21. B　22. C　23. D　24. A
25. B　26. C　27. D　28. A　29. B　30. C
31. D　32. A　33. B　34. C　35. D　36. A
37. B　38. C　39. D　40. A　41. B　42. C
43. D　44. A　45. B　46. C　47. D

Chapter 4 資訊系統的演進

1.	A	2.	B	3.	C	4.	D	5.	A	6.	B
7.	C	8.	D	9.	A	10.	B	11.	C	12.	D
13.	A	14.	B	15.	C	16.	D	17.	A	18.	B
19.	C	20.	D	21.	A	22.	B	23.	C	24.	D
25.	A	26.	B	27.	C	28.	D	29.	A	30.	B
31.	C										

Chapter 5 ERP 導入

1.	D	2.	A	3.	B	4.	C	5.	D	6.	A
7.	B	8.	C	9.	D	10.	A	11.	B	12.	C
13.	D	14.	A	15.	B	16.	C	17.	D	18.	A
19.	B	20.	C	21.	D	22.	A	23.	B	24.	C
25.	D	26.	A								

Chapter 6 物聯網與雲端服務

1.	B	2.	C	3.	D	4.	A	5.	B	6.	C
7.	D	8.	A	9.	B	10.	C	11.	D	12.	A
13.	B	14.	C								

Chapter 7 產業資源整合

1.	D	2.	A	3.	B	4.	C	5.	D	6.	A
7.	B	8.	C	9.	D	10.	A	11.	B	12.	C
13.	D	14.	A	15.	B	16.	C	17.	D	18.	A
19.	B	20.	C	21.	D	22.	A	23.	B	24.	C
25.	D	26.	A	27.	B	28.	C	29.	D	30.	A
31.	B										

ERP 企業資源規劃實務 200 講

作　　者：林文恭
企劃編輯：郭季柔
文字編輯：王雅雯
設計裝幀：張寶莉
發 行 人：廖文良

發 行 所：碁峰資訊股份有限公司
地　　址：台北市南港區三重路 66 號 7 樓之 6
電　　話：(02)2788-2408
傳　　真：(02)8192-4433
網　　站：www.gotop.com.tw
書　　號：AER056600
版　　次：2020 年 11 月初版
建議售價：NT$390

國家圖書館出版品預行編目資料

ERP 企業資源規劃實務 200 講 / 林文恭著. -- 初版. -- 臺北市：
　　碁峰資訊, 2020.11
　　　面；　公分
　　ISBN 978-986-502-663-9(平裝)
　　1.管理資訊系統
494.8　　　　　　　　　　　　　　　　　　　109017170